示范性高等职业院校建设校企合作特色教材

选煤厂实习

主　编　司亚梅　王　俊
副主编　赵秀芳　王玉鑫　王福斌
　　　　王　洲　王　帅
主　审　姚学斌

北京理工大学出版社
BEIJING INSTITUTE OF TECHNOLOGY PRESS

版权专有　侵权必究

图书在版编目（CIP）数据

选煤厂实习 / 司亚梅，王俊主编. —北京：北京理工大学出版社，2020.9
ISBN 978-7-5682-9108-8

Ⅰ. ①选… Ⅱ. ①司… ②王… Ⅲ. ①选煤-高等职业教育-教材 Ⅳ. ①TD94

中国版本图书馆 CIP 数据核字（2020）第 186808 号

出版发行 / 北京理工大学出版社有限责任公司
社　　址 / 北京市海淀区中关村南大街 5 号
邮　　编 / 100081
电　　话 / (010) 68914775（总编室）
　　　　　 (010) 82562903（教材售后服务热线）
　　　　　 (010) 68948351（其他图书服务热线）
网　　址 / http://www.bitpress.com.cn
经　　销 / 全国各地新华书店
印　　刷 / 三河市华骏印务包装有限公司
开　　本 / 710 毫米 × 1000 毫米　1/16
印　　张 / 9.5　　　　　　　　　　　　　　　　责任编辑 / 钟　博
字　　数 / 182 千字　　　　　　　　　　　　　　文案编辑 / 钟　博
版　　次 / 2020 年 9 月第 1 版　2020 年 9 月第 1 次印刷　责任校对 / 周瑞红
定　　价 / 54.00 元　　　　　　　　　　　　　　责任印制 / 施胜娟

图书出现印装质量问题，请拨打售后服务热线，本社负责调换

前　言

选煤厂实习是选煤技术专业十分重要的实践环节,是培养学生深度吸收、理解专业知识能力及实践操作技能的重要手段,可以培养学生理论联系实际的能力,提高学生的实践操作能力及分析问题和解决问题的能力。

随着煤炭工业的发展,煤炭企业对选煤技术人员的需求逐年递增,同时对岗位人员的任职要求越来越高,企业更趋向于选择技能型人才。为提高人才培养质量,以满足煤炭企业发展需求,结合当前各煤炭加工企业的生产特点,编者采用校企合作的方式,即在选煤技术专业专任教师与选煤厂骨干工程技术人员的共同努力下,本着突出高职教育"管用、够用、能用、适用"的原则,编写了本书。

本书以培养学生职业能力及素养为主线,采用六个步骤,按照职业技能和素养培养五递进式的人才培养模式、人才培养目标和规格,以及选煤生产工序,本着理论与实践相结合的原则,着重介绍了从事选煤生产准备、分选、产品处理、技术检查等工作所需的基本专业知识,以及选煤设备的操作规程、操作方法,设备常见故障和处理方法,培养学生综合运用所学知识分析、解决实际问题的能力,具有较强的基础性和实用性。

全书分为6个模块。模块四、模块五由乌海职业技术学院司亚梅编写;模块六由乌海职业技术学院赵秀芳、王玉鑫编写;模块三由乌海职业技术学院王俊、王福斌编写;模块一、模块二由内蒙古安科安全生产检测检验有限公司王洲、内蒙古君正化工有限责任公司王帅编写。全书由司亚梅统稿,由宁夏国电英力特宁东能源有限责任公司姚学斌主审,并提出了宝贵意见,在此谨致衷心的谢意。

由于编者水平有限,书中难免存在不妥之处,敬请广大读者指正。

编　者

目 录

模块一　选煤厂实习的目的及要求 ·· (001)

模块二　选煤厂实习主要任务 ·· (004)
 任务 2.1　选煤厂概况 ·· (004)
 任务 2.2　选煤厂实习主要内容 ·· (004)

模块三　选煤生产准备作业 ·· (006)
 【基础知识】 ·· (006)
 知识 3.1　原料输送 ·· (006)
 知识 3.2　原料筛分 ·· (010)
 知识 3.3　破碎 ··· (015)
 【技能任务】 ·· (017)
 任务 3.1　带式输送机的操作 ··· (017)
 任务 3.2　筛分机械的操作 ·· (020)
 任务 3.3　破碎机的操作 ·· (024)

模块四　分选作业 ·· (027)
 【基础知识】 ·· (027)
 知识 4.1　刮板输送机 ··· (027)
 知识 4.2　空气压缩机 ··· (030)
 知识 4.3　离心式水泵和真空泵 ·· (032)
 知识 4.4　给料机 ·· (039)
 知识 4.5　重介质分选设备 ·· (041)
 知识 4.6　重介质悬浮液 ·· (055)
 知识 4.7　浮选作业 ·· (060)
 【技能任务】 ·· (068)
 任务 4.1　刮板输送机的操作 ··· (068)
 任务 4.2　空气压缩机的操作 ··· (071)
 任务 4.3　离心式水泵和真空泵的操作 ···································· (074)

任务4.4　给料机的操作 …………………………………………………… (077)
　　任务4.5　浅槽重介质分选机的操作 …………………………………… (079)
　　任务4.6　重介质旋流器的操作 ………………………………………… (081)
　　任务4.7　磁选机的操作 ………………………………………………… (083)
　　任务4.8　介质制备的操作 ……………………………………………… (085)
　　任务4.9　浮选机的操作 ………………………………………………… (088)

模块五　产品处理 ………………………………………………………… (090)
　【基础知识】 ………………………………………………………………… (090)
　　知识5.1　重力脱水 ……………………………………………………… (091)
　　知识5.2　离心脱水 ……………………………………………………… (092)
　　知识5.3　过滤脱水 ……………………………………………………… (095)
　　知识5.4　压滤脱水 ……………………………………………………… (098)
　　知识5.5　浓缩机 ………………………………………………………… (101)
　【技能任务】 ………………………………………………………………… (105)
　　任务5.1　离心脱水机的操作 …………………………………………… (105)
　　任务5.2　加压过滤机的操作 …………………………………………… (107)
　　任务5.3　浓缩机的操作 ………………………………………………… (113)
　　任务5.4　压滤机司机的操作 …………………………………………… (115)

模块六　技术检查 ………………………………………………………… (120)
　【基础知识】 ………………………………………………………………… (120)
　【技能任务】 ………………………………………………………………… (124)
　　任务6.1　煤炭筛分试验 ………………………………………………… (124)
　　任务6.2　煤炭浮沉试验 ………………………………………………… (127)
　　任务6.3　煤灰分产率的测定（缓慢灰化法） ………………………… (131)
　　任务6.4　煤灰分产率的测定（快速灰化法） ………………………… (133)
　　任务6.5　技术检查工（浮沉工） ……………………………………… (135)

附录 ………………………………………………………………………… (140)

参考文献 …………………………………………………………………… (146)

模块一

选煤厂实习的目的及要求

一、选煤厂实习的目的和任务

选煤厂实习是选煤技术专业非常重要的实践性教学环节，是学生将所学的基础理论知识和专业技术知识运用到实际生产中的实践过程，同时也能提高学生的理论与实践综合能力。选煤厂实习的目的是将理论与实践结合起来，巩固所学的知识，培养学生在实践过程中善于发现问题、分析问题和解决问题的能力。通过车间跟班生产，学习岗位工作者们优秀的品质和团队精神，树立正确的劳动观念和集体观念，培养艰苦创业的精神，树立工作事业心和责任感，提高学生的综合素质和能力。

选煤厂实习的主要任务是更深入地认识和理解选煤厂的工艺过程，主要生产设备和辅助设备的结构、性能和工作原理并掌握这些设备的正确使用、操作及故障处理和维护方法。

二、选煤厂实习的重点要求

（1）全面认识和理解选煤厂的工艺流程，分析工艺流程、重要分选设备的特点及其合理性；

（2）掌握主要设备及辅助设备的结构、性能和工作原理，了解这些设备的使用和操作情况；

（3）通过实习，发现问题，争取实习结束时能对选煤厂今后的生产、管理提出有价值的合理化建议；

（4）理解选煤厂的技术经济指标、产品质量要求等；

（5）接受现场安全教育，培养现场生产安全意识；

（6）按要求完成选煤厂实习报告的编写。

三、选煤厂实习安全注意事项

学生在实习过程中应听从指导教师和带队教师的指挥，严格遵守实习单位的一切规章制度，特别要遵守实习单位的安全生产操作规程，在实习过程中时刻坚持安全第一的思想。

（1）进生产车间实习时应穿工作服，戴安全帽，穿胶鞋或运动鞋，不能穿拖鞋、高跟鞋，女同学应将头发放在安全帽里面；

（2）学生跟班实习时应勤看、多问，严禁私自动手操作设备的开关、操作按钮等；

（3）严禁靠近高速运转的设备部件，尤其不要站在该部件运转的同一平面内；

（4）严禁在危险场所停留；

（5）严禁高空抛落物体；

（6）严禁跨越皮带运输机；

（7）在车间内实习时，注意力一定要集中，严禁嬉戏打闹；

（8）实习期间应以组为单位分组实习，不允许单独进入生产现场；

（9）遇突发事故时，坚持自救的原则，并在第一时间通知带队教师处理；

（10）实习期间不得擅自离开实习单位外出，如有特殊情况，严格履行请假、销假制度。

四、选煤厂实习文本资料的撰写及打印装订要求

学生在实习期间应撰写实习周记，按时完成实习月总结和实习报告，在实习过程中遇到疑难问题，及时向教师反映寻求解决。

学生应严格按照实习周记、实习月总结、实习报告的撰写格式和打印装订要求完成实习文本资料的撰写和打印装订工作。各文本资料撰写模板及打印装订要求见附件一和附件二。

五、选煤厂实习成绩评定

根据实习单位鉴定、实习周记、实习月总结和实习报告情况按"优、良、中、及格、不及格"五级分制综合评定实习成绩。

优：全部完成实习计划的要求，实习单位给出很高的评价，实习周记记录很全面，实习月总结很深刻、具体，实习报告有丰富的实际材料，并对实习内容进行全面、系统的总结，能运用学过的理论对某些问题进行深入的分析，实习期间服从带队教师的指导，听从企业管理人员的指挥，遵守学校和企业单位的各项规章制度，不请病假、事假，无迟到早退现象。

良：全部完成实习计划的要求，实习单位给出较高的评价，实习周记记录较

全面，实习月总结较深刻、具体，实习报告比较系统地总结了实习内容，实习期间服从带队教师的指导，听从企业管理人员的指挥，遵守学校和企业单位的各项规章制度，不请病假、事假，无迟到早退现象。

中：基本完成实习计划的要求，实习单位给出一定的评价，实习周记记录全面，实习月总结深刻、具体，实习报告系统地总结了实习内容，实习期间服从带队教师的指导，听从企业管理人员的指挥，遵守学校和企业单位的各项规章制度，不请病假、事假，无迟到早退现象。

及格：达到实习计划中规定的基本要求，实习单位给出评价，实习周记记基本全面，但实习月总结不够深刻、具体，实习报告有主要的实习材料，内容基本正确，但不够完整、系统，实习期间基本服从带队教师的指导，听从企业管理人员的指挥，遵守学校和企业单位的各项规章制度，不请病假、事假，无迟到早退现象。

不及格：凡有以下情况之一者以不及格论。

（1）未达到实习计划规定的基本要求；

（2）实习报告混乱，分析有原则性的错误；

（3）实习中缺勤累计达三分之一以上；

（4）实习中严重违反纪律。

模块二
选煤厂实习主要任务

任务 2.1　选煤厂概况

选煤厂概况简要介绍如下：

（1）了解选煤厂的隶属关系、入选原煤的来源、选煤厂的建设规模、选煤厂类型；

（2）了解选煤厂生产工作制度，如年生产时间、日生产时间及年总生产时间、洗选系统小时生产能力等；

（3）了解选煤厂的地理位置、工业布局及交通状况；

（4）了解煤矿及选煤厂的发展历程，选煤厂的当前生产规模、企业职工人数、职工组成、管理模式等；

（5）了解煤矿的地质水文资料、气象条件，原煤类型，原煤的化学组成、矿物组成、嵌布特性，物理性质（粒度、湿度、真密度、堆密度、硬度、安息角等）；

（6）了解选煤厂的分选工艺革新情况，重点了解目前选煤的原则流程、回收产品的种类、主要技术经济指标等；

（7）了解精煤用户对精煤质量的要求；

（8）了解尾煤处理方式、环保问题。

任务 2.2　选煤厂实习主要内容

一、原煤准备作业

（1）掌握选煤厂来煤情况，输运设备的类型、规格及能力等；

（2）了解破碎段主要设备的规格和型号、主要操作参数，初步了解破碎段主要设备的结构特点和工作原理；

（3）了解破碎段主要设备与辅助设备之间的连接方式，筛分设备的规格和型号、主要操作参数；

（4）了解选煤厂破碎与筛分工艺流程的特点，并绘制破碎与筛分工艺流程图；

（5）了解破碎与筛分工序在选煤厂生产中的主要作用。

（6）掌握原料输送、筛分、破碎的基本知识及设备的正确操作和使用方法。

二、分选作业

（1）掌握所实习选煤厂的基本分选方法、分选工艺流程；

（2）掌握分选系统所用的主要设备、规格及主要操作参数；

（3）了解浮选车间所用的药剂种类、名称，药剂制度，各药剂的用途和添加系统等；

（4）能绘制分选工艺流程图；

（5）掌握重介质悬浮液性质，介质净化、回收作业所用的设备类型、规格及工艺等；

（6）掌握所实习选煤厂分选作业主要设备及辅助设备基本知识和操作技能。

三、产品处理

（1）掌握选煤厂产品脱水常用方法、不同脱水方法的原理及常用设备等基本知识；

（2）掌握所实习选煤厂所用的产品脱水系统及工艺流程；

（3）了解所实习选煤厂的精煤贮存和运输方式；

（4）掌握所实习选煤厂所用的产品脱水设备及其工作效果、正确操作、常见故障排除方法等。

四、技术检查

（1）了解选煤厂技术检查的主要类型及具体任务；

（2）掌握筛分试验、浮沉试验的基本知识及正确操作；

（3）掌握煤的灰分测定的基本原理、目的及基本操作；

（4）掌握选煤厂技术检查工作的基本操作规程。

模块三

选煤生产准备作业

【基础知识】

知识 3.1　原料输送

一、带式输送机

带式输送机是一种借助摩擦驱动，以连续方式运输物料的机械。应用带式输送机，可以将物料置于一定的输送线上，从最初的供料点到最终的卸料点之间形成物料的输送流程。

在矿山的井下巷道、矿井地面运输系统、露天采矿场及选煤厂中，广泛应用带式输送机。它用于水平运输或倾斜运输。在倾斜向上运输时，其运送不同物料允许的最大倾角为 β。若 β 值超过规定值，则由于物料与输送带间及物料与物料间的摩擦力不足（即倾角大于摩擦角），物料将下滑滚动而撒落，这会影响带式输送机的正常工作，使其运输能力和生产效率降低。在倾斜向下输送时，允许最大倾角为规定所列各值的 80%。若需要用大于规定的倾角输送，可选用花纹带式输送机。

根据工艺流程的要求，带式输送机可以非常灵活地从一点或多点受料，也可以向多点或几个区段卸料。带式输送机与其堆料机和取料机配合，已经成为大规模堆取散状物料（如煤、矿石等）的唯一有效设备。

常见的带式输送机分为下列几种类型。

1. 通用固定式（TD 系列）普通型带式输送机

这种带式输送机用于物料的一般输送。矿井地面选煤厂及井下主要运输巷道中，大多采用这种类型的带式输送机。

2. 花纹带式输送机

此种输送机的输送带工作面上有凸出的花纹，运送物料的倾角可以增加至 35°。

3. 钢绳带式输送机

此种输送机的带条只用于装载物料,输送带由钢绳牵引而运动,因此运送距离长。

根据安装的特点,带式输送机又可分为固定式、移动式和机架可伸缩式 3 种类型。

二、通用带式输送机的结构

图 3-1 所示为通用带式输送机的结构简图。它由输送带、驱动滚筒、托辊、机架、清扫器、拉紧装置和改向滚筒组成。输送带 1 绕经驱动滚筒 2 和尾部改向滚筒 3 形成无极的环形封闭带。上、下两股输送带分别支撑在上托辊 4 和下托辊 5 上。拉紧装置 7 保证输送带正常运转所需的张紧力。工作时,驱动滚筒 2 通过摩擦力驱动输送带运行,物料装在输送带上与输送带一同运动。通常利用上股输送带运送物料,并在输送带绕过机头滚筒改变方向时卸载。必要时,可利用专门的卸载装置在通用带式输送机中部任意点进行卸载。

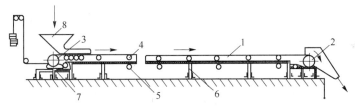

1—输送带;2—驱动滚筒;3—尾部改向滚筒;4—上托辊;5—下托辊;
6—机架;7—拉紧装置;8—导料槽;9—头部漏斗

图 3-1 通用带式输送机的结构简图

1. 输送带

输送带是通用带式输送机中最昂贵、耐久性最差的部件。输送带最典型的损坏形式有:工作面层和边缘磨损,大块矿岩冲击作用引起击穿、撕裂和剥离,芯体通过滚筒和托辊组受反复弯曲应力引起疲劳,环境介质作用引起强度指标降低和老化等。

通用带式输送机所用的输送带分为橡胶带和塑料带两种。橡胶带在实践中应用最广。普通橡胶带的带芯由多层挂胶帆布制成,带芯材质也可以是棉质、维尼纶、尼龙等纤维织物或混纺帆布,还可以是化纤整体编织的一层厚布。

选煤厂的各种物料一般采用普通橡胶带,通用带式输送机输送带的常用带宽只有 6 种规格——500 mm、650 mm、800 mm、1 000 mm、1 200 mm、1 400 mm,这也是选煤厂常用的规格。

输送带端头连接方法分为机械连接和硫化（塑化）连接两种。选煤厂常用的是机械连接方法，包括钩卡连接、合页连接和板卡连接等。机械连接法操作较为简便，但接头处强度只相当于输送带本身强度的35%～40%，使用期限短。硫化连接分为热硫化和冷硫化两种方法。后者连接时间长，采用得比较少。硫化连接法接头强度高，牢固耐用，但操作复杂。

2. 驱动装置

驱动装置是通用带式输送机的动力传递机构，一般由电动机、联轴器、减速器及驱动滚筒组成。

根据不同的使用条件和工作要求，通用带式输送机的驱动方式，可分单电机驱动、多电机驱动、单滚筒驱动、双滚筒驱动和多滚筒驱动几种。

在选煤厂，通用带式输送机的电动机多采用Y系列电动机和ZQ型减速器。在有煤尘的爆炸危险地段，采用防爆电动机。电动机与减速器采用弹性联轴节或柱销联轴器连接；减速器与驱动滚筒则采用十字滑块联轴器连接。

滚筒分驱动滚筒和改向滚筒两种。驱动滚筒的作用是通过筒面和带面之间的摩擦驱动输送带运动，同时改变输送带的运动方向。只改变输送带的运动方向而不传递动力的滚筒称为改向滚筒（如尾部改向滚筒、垂直拉紧滚筒等）。驱动滚筒的表面有光面和胶面两种形式。胶面的用途是增大驱动滚筒与输送带间的摩擦系数，减小滚筒的磨损。在功率不大，环境湿度小的情况下，可选用光面滚筒；在环境潮湿，功率大，容易打滑的情况下，应选用波面滚筒作为驱动滚筒。改向滚筒分为180°、90°和45°三种。改向滚筒为钢板焊接结构，并采用滚动轴承。

3. 托辊

托辊是通用带式输送机的输送带及货载的支承装置。托辊随输送带的运行而转动，以减小输送机的运行阻力。托辊质量的好坏决定了通用带式输送机的使用效果，特别是输送带的使用寿命，所以要求托辊结构合理，经久耐用，回转阻力系数小，密封可靠，灰尘、煤粉不能进入轴承，从而使输送机运转阻力小、节省能源、延长使用寿命。托辊按用途又可分为槽形托辊、平形托辊、缓冲托辊和调心托辊。

4. 机架

机架分为落地式和绳架吊挂式两种结构。落地式机架又分为固定式和移动式两种，选煤厂主要采用固定落地式机架。

固定带式输送机的机架是用角钢和槽钢焊接而成的。按照用途，机架可分为头架、尾架、中间架和驱动装置架。

5. 拉紧装置

在各种具有挠性牵引构件的带式输送机中，必须装设拉紧装置。带式输送机

的拉紧装置的作用如下:

(1) 使输送带具有足够的初张力,保证输送带和驱动滚筒间有足够的摩擦力,并使摩擦力有一定的储备。

(2) 补偿牵引构件在工作过程中的伸长。

(3) 限制输送带在各支承托辊间的垂度,保证带式输送机正常平稳地运行。拉紧装置的结构形式分为螺旋式、车式和垂直式3种。

6. 逆止或制动装置

带式输送机用于倾斜输送物料时,为了防止因满载停机发生倒转或顺滑造成事故,平均倾角大于4°时,就应增设逆止或制动装置。带式输送机的逆止和制动装置的种类较多,视带式输送机的具体使用条件采用不同形式的逆止或制动器。标准设计中有带式逆止器、滚柱逆止器和液压电磁闸瓦制动器3种。

7. 清扫器

输送带的工作表面绕过卸载滚筒时,不可能将上面的碎散物料完全卸干净,特别是在输送潮湿物料时更难卸净,如不设法清除这些残余物料,输送带经过改向滚筒或托辊时,将因受到这些物料的挤压而损坏。所以,清扫器对延长输送带的使用寿命具有重大的意义。

三、带式输送机的维护

表3-1所示为带式输送机输送带跑偏的可能原因和纠正方法。

表3-1 带式输送机输送带跑偏的可能原因和纠正方法

跑偏特征	可能原因	纠正方法
输送带从某点局部跑偏	托辊中心不正;托辊不转;辊面凹凸不平	清理及更换托辊,将跑偏一边的托辊各向前移动
整条托辊向一侧跑偏	滚筒不平行,输送带向松侧跑偏(跑松不跑紧)	调整滚筒,若因螺旋拉紧装置松紧不一,则将偏侧丝杠适当拧紧
	滚筒直径不均一,向滚筒直径大的一边跑偏(跑高不跑低)	若是滚筒加工问题,则应正确地加工调整;若是物料粘在滚筒表面所致,则应清理滚筒表面
	机架不正或左右摇摆	矫正机架或加固机架

续表

跑偏特征	可能原因	纠正方法
整条托辊向一侧跑偏,最大跑偏在接头处	输送带接头不正	重新接头
有载跑偏,无载不偏	给料不正或负荷不均	设法解决给料不正和不均问题,如校正溜槽位置、安装调心托辊
输送带破损,部分跑偏	输送带边部破损,两边摩擦阻力不同	及时修补或更换输送带
新输送带跑偏	输送带太厚,成槽性差	使用一段时间即可校正

输送带早期磨损的主要原因是给料条件不良（如逆向给料、垂直给料或给料速度太快）、托辊不转、输送带卸料器或清扫器等的摩擦太大,在这种情况下,应设法改善工作条件。输送带的纵向撕裂,大部分由于给料中有尖角物料卡在溜槽和输送带之间,或输送带接头翘起而挂住障碍物及长期跑偏,应针对不同的原因设法防止。

知识 3.2　原料筛分

一、筛分的概念

筛分就是将物料通过筛面按粒度分成不同粒级的作业。物料中粒度大于筛孔尺寸的颗粒留在筛上成为筛上物,物料中粒度小于筛孔尺寸的颗粒穿过筛面成为筛下物。

筛分作业是选煤工艺过程中的重要环节,其种类较多,作用也不一样。如原煤准备筛分主要是满足各种选煤方法对原煤的粒度要求;脱泥筛分是为了减少煤泥对分选介质的污染、提高原煤分选效率和减少高灰细泥对精煤产品的污染;脱水筛分对降低选后产品的水分,简化煤泥水工艺系统起着重要作用;脱介筛分是使重介分选产品与加重物质分离,以回收加重质。总之,对选煤厂的煤炭加工而言,筛分技术与分选技术处于同等重要的地位。

二、筛分作业的分类

按筛分在工艺过程中所起的作用不同,筛分作业可分为以下几类。

1. 准备筛分

准备筛分是按破碎作业和分选作业的要求，将原煤分成不同的粒级，为进一步的煤炭加工做准备的工艺过程。

2. 检查筛分

检查筛分是从破碎作业的产物中把粒度不合格的大块用筛子分出来的筛分作业。

3. 最终筛分

最终筛分主要是指选煤厂生产粒度商品煤的筛分。最终筛分的粒级，要根据煤质、粒度组成和用户的要求，按国家现行《煤炭粒度分级》的标准确定最终的分级产物。

4. 脱水筛分

脱水筛分是将带水的煤或其他物料进行筛分，以便脱除伴随而来的水分。脱水使用的筛子叫作脱水筛。脱水筛用于选煤产品的脱水，块精煤水分可达8%~10%，末精煤水分可达16%~18%，中煤水分为14%~16%。

5. 脱泥筛分

为了减少或脱除煤泥（-0.5 mm）的筛分叫作脱泥筛分，脱泥筛分一般须用强力喷水冲洗，以提高脱泥效率。

6. 脱介筛分

在重介分选过程中，为了脱除产品所带介质而进行的筛分叫作脱介筛分（一般喷加清水）。

7. 选择性筛分

在筛分过程中，煤炭不但按粒度分级，而且按质量分级的筛分，叫作选择性筛分。

三、筛分机械的分类

筛分机械广泛运用于许多工业部门，由于其种类繁多，至今尚无统一的分类标准。在工业上，一般按筛箱的运动特征将筛分机械分为固定筛、滚轴筛、圆筒筛、摇动筛和振动筛五大类。滚轴筛、圆筒筛和摇动筛逐渐被淘汰，固定筛因其特殊的用途，在选煤厂中应用很多。振动筛则在选煤厂中广泛应用。

1. 固定筛

固定筛的工作部分（筛面）固定不动，物料沿倾斜的筛面靠自重向下滑动，粒度小于筛孔尺寸的颗粒即得到透筛。其优点是不消耗动力，结构简单；其缺点是筛分效率低，处理量也不大。

棒条筛就是一种固定筛。它一般是由平行的钢棒（方钢、圆钢、钢轨）及横杆焊接在一起而成，钢棒间的宽度即筛孔尺寸，筛面倾角应大于物料与筛面之间的摩擦角,一般取35°~45°,黏性物料取50°。固定棒条筛如图3-2所示。

弧形筛也有固定筛形式的。其筛面沿纵向(物料运动方向)呈圆弧形,筛条横向排列,筛孔尺寸一般为0.5~1 mm,一般用于脱水、脱泥和脱介前的预脱水等。

属于固定筛的还有条缝筛,其筛面由倒梯形筛条组成,筛孔尺寸一般为0.25~1 mm,一般用于振动筛前的预脱水。

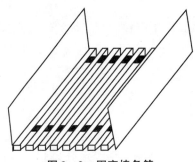

图3-2 固定棒条筛

2. 振动筛

振动筛的筛箱借助振动器的作用在一个平面内振动,以使筛面上的物料得到筛分。振动筛是目前许多工业部门应用最为广泛的筛分机械。目前,振动筛类型有圆振动筛、直线振动筛、共振筛、复合振动筛、概率筛等。其中圆振动筛和直线振动筛应用最广。我国煤用振动筛型号编号参考JB/T1604—1998《矿山机械产品型号编制方法》。

四、振动筛的原理与构造

振动筛同所有振动机械一样,由激振器、工作体(筛箱)、弹性元件(支承或吊挂装置)3个主要部分组成。

1. 激振器

激振器的功能是产生激振力。由于产生激振力的方法不同,激振器可分为机械式(包括连杆式和惯性式)、电磁式、液压和气动式等。现代振动筛多用惯性式激振器,电振筛和电磁振动给煤机等采用电磁式激振器。

2. 工作体

工作体是做周期性运动的工作部分。振动筛的筛箱就是工作体。另外,电振给料机的输送槽也是工作体。

3. 弹性元件

弹性元件包括主振弹簧和隔振弹簧。主振弹簧是使工作体做周期运动并用来调整工作点的弹簧,隔振弹簧是用来减少传递到基础或构架上的动载荷的弹簧。

振动筛的吊挂或支撑装置中的弹簧,既起主振作用,也起隔振作用。

振动筛按产生振动的方法不同(即激振器产生激振力的原理不同)可分为偏心振动筛、惯性振动筛和电磁振动筛3种。由于惯性振动筛结构简单、工作性能好、结构日趋完善、性能越来越好,因此本书主要介绍惯性振动筛,圆振动筛和直线振动筛即属于惯性振动筛。

五、圆振动筛

圆振动筛是选煤厂使用较多的一种筛分机械。圆振动筛和其他筛分机械比较而言,结构简单、造价低廉、维修工作量少,多用于筛分粗粒级的物料。

1. 圆振动筛的工作原理

圆振动筛的主轴 O_1-O_1 设有偏心(见图3-3),但主轴两端所装的不平衡轮(也是胶带轮)的轴孔中心处在不平衡重块的对方,偏离不平衡轮几何中心线 $O-O$ 一个偏心距 R,因不平衡轮也是胶带轮,电动机通过传动胶带带动它时,它将绕本身几何中心线 $O-O$ 旋转,于是穿进筛箱重心 A 点的主轴 O_1-O_1 也必然要绕几何中心线 $O-O$ 回转,筛箱便跟着做回转半径的圆周运动。

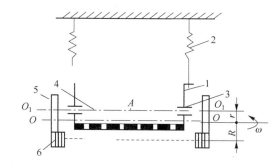

1—筛箱;2—吊杆弹簧;3—轴承;4—主轴;5—圆盘;6—偏心块

图3-3 圆振动筛的工作原理

当圆振动筛工作时,偏心轴绕轴线转动,筛箱和不平衡重各自产生离心惯性力,这两个离心惯性力方向相反,大小相等。

目前,我国使用的自定中心筛,其 DD 和 ZD 两个系列都属于胶带轮偏心式振动筛。DD 是吊式圆振动筛,ZD 是座式圆振动筛,主要用于煤的准备筛分和最终筛分。

2. 单轴圆振动筛的使用与调整

(1)经常检查弹簧、吊挂和各连接件的紧固情况。

(2)每隔一月应解体检查振动器一次,并换新油。

(3)在运转过程中,当筛面物料出现走偏或筛箱出现横摆时,这可能是三角胶带过紧，或吊挂钢丝和弹簧压缩度不对称所造成，故应作上述几方面的检查和调整。

（4）当筛面上物料出现走速缓慢或透筛效果不好时，除物料性质和水分变化外，其主要原因是三角胶带过松而引起振动器频率降低和振动力减弱，故应适当调紧三角胶带。

六、直线振动筛

直线振动筛是目前我国选煤厂使用最多的一种振动筛。直线振动筛的激振器由两根带有不平衡重量的轴组成，两根轴做反向同步回转，所产生的离心力使筛箱发生振动。根据不平衡重量在轴上的相对位置不同，筛箱振动的轨迹可以是直线或椭圆两种形式。目前，一般使用双轴筛筛箱的运动轨迹都是直线，所以这种筛子又称为直线振动筛。直线振动筛有固定的抛射角（筛面上物料被抛起的方向与筛面的最小夹角），一般是30°、45°、60°，国产筛的抛射角一般为45°，直线振动筛有很大的加速度，因此特别适用于煤炭中细粒级的脱水、脱介和脱泥，也可用于中、细物料的筛分。

直线振动筛的工作原理如图3-4所示。

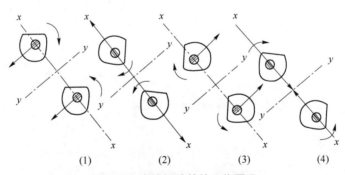

图3-4 直线振动筛的工作原理

直线振动筛的筛箱支撑在4组弹簧上，筛箱上有激振器，激振器为两根带不平衡重量的轴，两轴用齿轮连接，使之做同步反向回转，筛箱一般水平安置。

激振器的工作原理为：当电动机带动胶带轮及其一根轴回转时，通过齿轮使另一根轴也回转，两轴做同步反向回转。在各瞬时位置，每根轴上不平衡重量所产生的离心惯性力沿振动方向（y）的分力总是相互叠加，而沿法线方向（x）的分力总是相互抵消，因此形成了单一的沿振动方向的合力。这个力就是激振力，它使筛箱沿振动方向做往复直线运动。其振动方向与筛面成一定角度（一般为45°），使物料在筛面上斜向抛起并落下，以进行筛分。

知识 3.3　破　碎

利用外力把大块物料挤压粉碎成小颗料的加工过程称为破碎或磨碎。通常把物料块破碎到 3～5 mm 粒度的过程称为破碎，而把物料块从 3～5 mm 粒度再破碎到 1 mm 以下粒度的过程称为磨碎或粉碎。

一、破碎的目的

（1）适应入选粒度的要求，选煤加工机械要求原煤入选粒度在一定范围内，超过这个范围的大块物料要经过破碎以后才能洗选加工。
（2）对于煤与矸石夹杂共生的夹矸煤，经过破碎能使煤与矸石分离。
（3）满足用户对粒度的要求，把洗后的块煤产品破碎到一定的粒度。
前面两种情况称为准备破碎，即为下一作业要求的粒度进行准备的破碎作业；后一种情况称为最终破碎，即将煤破碎到商品煤要求粒度的作业。

二、破碎方法

1. 压碎

利用两个破碎工作面靠近时，使夹在其中的物块受挤压，达到其抗压强度极限而破碎。

2. 劈碎

将物块放在两个带有尖棱的工作面间，两个工作面靠近时产生劈力，尖棱劈入物块，使其裂开而破碎。

3. 击碎

物料受到重锤冲击力作用而破碎。

4. 磨碎

使破碎工作面在物块上相对滑动，物料表面受研磨作用，被逐渐磨成碎末而破碎。

在各种破碎机中，往往以一种破碎方式为主，同时伴有其他破碎方式。物料破碎时采用以哪种破碎方式为主的破碎机，则需要根据物料的物理机械性质、粒度大小等决定，如破碎硬块物料应用压碎，破碎脆而不太硬的物料用劈碎。

三、破碎机

破碎机按工作原理和结构特征可分为颚式破碎机、齿辊式破碎机和冲击式破碎机等。实际生产中应根据工艺特点、物料性质、破碎比要求等进行选择。

煤炭属于脆性物料,机械强度相对较低,同时选煤厂破碎作业通常用以破碎大块原煤,破碎产物粒度通常为 50~100 mm,根据这一工艺要求和原煤性质,选煤厂大多采用齿辊式破碎机。齿辊式破碎机不仅结构简单、工作可靠、生产量大,而且破碎后产生的粉煤较少,有利于后续的分选作业,在选煤厂应用最为广泛。

对于矸石和黄铁矿含量较多的原煤,可采用颚式破碎机。

冲击式破碎机一般用来破碎中硬和脆性物料。

对于煤和矸石硬度差别较大的原煤,也可以采用选择性破碎机进行破碎。这种破碎机将破碎和筛分作业结合起来,可以大大简化工艺流程。

下面简单介绍齿辊式破碎机。

齿辊式破碎机结构简单、过粉碎较少、工作可靠。辊面上的齿牙形状、尺寸、排列可按物料性质进行设计,具有适应性强等优点,因此目前在煤炭工业尤其在选煤厂中普遍使用。齿辊式破碎机的主要破碎作用是劈碎,一般用以破碎烟煤、无烟煤和页岩,作粗碎和中碎用,破碎产物的粒度通常不小于 20 mm。在选煤厂,齿辊式破碎机主要用于大块原煤的破碎,有的也用于中煤破碎。

齿辊式破碎机按辊子数目可分为单齿辊、双齿辊、三齿辊、四齿辊等,其规格用辊子的直径和长度表示,双辊较为常见。

双齿辊破碎机的工作原理为:双齿辊破碎机由两个转动方向相反的齿辊组成,齿辊转动时,辊面上的齿牙可以将煤块咬碎并加以劈碎,物料由上部给入,破碎后的产物随着齿辊的转动从下部带出。

双齿辊破碎机由一对同步相向转动的齿辊机架及传动机构等部件组成。电动机通过胶带轮使两个齿辊相向转动,物料从上方给入,经过齿辊轧碎后从下面排出。破碎产物的粒度由两个齿辊的间隙决定,其间隙可以根据对物料的需求进行调节。

如果有大块以及坚硬的物料进入破碎腔不能被轧碎时,齿辊受力增大,会使安全销剪切,可以通过调整连接盘上预留的两个 M16 的螺纹孔,用螺栓将连接盘顶出,以便更换安全梢。

齿辊的构造通常分为两种形式:一种是在铸铁芯上套有高锰钢铸成的齿圈,两端用螺栓紧固;另一种是由高锰钢铸成的弓形齿板,装配在多边形截面的铸铁轮毂上。

四、破碎机的使用及维护

(1) 破碎机应空载启动,切忌在破碎机内存有物料的情况下开车,否则容易造成事故。

（2）停止运行前，应先停止给料设备，并将机中的物料排空，然后方可切断电源；出现事故后，也应将机中的物料排空后才能启动。

（3）运行中要注意轴承的温度，务必使轴承保持良好的润滑状态。另外，要注意音响和振动有无异常情况，发现异常应立即停车，要保持破碎机的均匀给料，防止过载，严禁金属和木板等杂物进入破碎机体内。

（4）检查破碎产物的粒度是否符合要求，如超过规定尺寸的颗粒多，可能是颚板缝隙大，排料口宽，颚板、锤头、齿辊磨损或调整不当等原因所致，应采取相应措施消除。

（5）破碎机停车时，应及时维修，紧固各部螺丝，检查易损件，适当注油，保持机体内无杂物，磨损的部件应及时更换。破碎口的保险装置要保持良好状态，确保能起到保护作用。

【技能任务】

任务 3.1　带式输送机的操作

一、工作前的准备

按有关规定对设备进行一般性检查，包括：
（1）入料、排料溜槽应通畅，无损坏变形。
（2）托辊、调偏托辊、挡煤板、清扫装置和各种保护应齐全可靠。
（3）各滚筒周围不应堆煤。
（4）轴承、减速器及各摩擦部位应润滑良好。

二、开车

1. 集中开车

听到开车信号，站在控制按钮旁监视启动，发现异常情况立即按下停止按钮，将禁启按钮打到禁启位置，并汇报主控进行处理。

2. 就地开车

主控同意就地开车后，先对设备进行核对性检查，确认无影响设备正常运行的问题后再点动设备两次，最后按下启动按钮开车。

三、停车

1. 正常停车

接到停车信号后,待带式输送机上物料拉空后按下停止按钮停车并汇报主控。

2. 紧急停车

发现设备运行异常时,要立即按下停止按钮或拉动拉绳开关停车,待设备停止运转后,检查存在的问题并汇报主控处理。

四、常见故障

(1) 输送带跑偏原因:给料不正,滚筒、托辊与输送带中心线不垂直,拉紧滚筒不正,输送带与滚筒间有煤或杂物,调形架位置不当。

处理:调整给料,调紧拉紧,及时清理输送带与滚筒间的煤、杂物。

(2) 输送带打滑原因:拉紧松,负荷大。

处理:调整拉紧,减少负荷。

(3) 扯输送带和输送带边缘磨损原因:输送带严重跑偏,溜槽被卡堵,挡煤板下沉等。

处理:精心调整操作,巡回检查,发现问题及时处理。

(4) 减速器、轴瓦发热,声音异常原因:缺油、油过量、油脏、轴承磨损、齿轮的齿缺损、联轴节有故障。

处理:注油适量,保持油脂清洁,更换轴承,将不能处理的问题及时汇报。

(5) 电气故障:发现异常问题时应及时通知维护工处理。

五、维护与保养

(1) 经常检查输送带是否运转正常,有无跑偏、断裂或磨损等现象。严禁用向输送带与滚筒间撒煤、砂子的方法调整输送带跑偏。发现输送带有微小扯裂处应及时用刀子割掉,以防继续扯裂。发现输送带接头有问题时要及时汇报处理。

(2) 轴瓦的油壶每班要拧 3~5 次,减速器按规定油标要求检查油位。

(3) 清带器要松紧适宜。

(4) 经常检查维护挡煤皮、溜槽,防止漏煤和磨损输送带。

(5) 运行中经常检查各部轴承座和电动机的温度,注意听各部声音,若发现异常应立即停机汇报处理。

(6) 经常检查维护设备的一切防护设施。

六、注意检查事项

（1）带式输送机在运行中自动停车或开不动时，应查明原因，排除故障后再启动。

（2）运转中严禁清理托辊和机头、机尾等处的滚筒。

（3）岗位司机必须经培训学习，考试合格后持证上岗。

七、特殊情况下的处理

（1）带式输送机被物料压住后不得频繁启动，应卸掉部分载荷后再启动，严禁满负荷启动。

（2）在运行中，带式输送机自动停车或开不动时应查明原因，排除故障后再启动。

（3）输送带打滑或跑偏，需要垫锯木进行表面调整时，均需使用工具，严禁用手向滚筒上撒锯木屑或用手直接从滚筒上扒煤。

（4）运行中出现下列情况时，应立即停车处理：输送带接头开胶，拉断或撕裂，输送带跑偏严重，有刮坏、撕裂的危险。

（5）检修和处理问题时必须办理停电手续后方可进行。

八、岗位作业标准

开车之前细检查，安全设施要完好；
开车时要听信号，启动监视很必要；
运转期间勤观察，声音温度要正常；
皮带跑偏及时调，清理检修要停电。

九、手指口述工作法

手指口述内容包括：输送带、机头、机尾、机架、滚筒、托辊、减速器、电动机、信号、操作箱。

1. 交接班手指口述

（1）输送带、机头、机尾、机架、减速器、电动机等各部件齐全完好，确认完毕。

（2）输送带无跑偏、起皮、撕裂现象，确认完毕。

（3）减速器、润滑油量正常，各处挡板、清扫器、卸煤器上胶皮松紧适度，确认完毕。

（4）机器各部件无松动、无异声，托辊、滚筒无缺损，运转灵活，确认完毕。

（5）信号联络正常，拉线开关、禁启按钮复位，确认完毕。

（6）地面无积水、无杂物，设备无积尘、积油，确认完毕，可以接班进行正常工作。

2. 开车手指口述

（1）输送带、机头、机尾、机架、减速器、电动机部件齐全完好，确认完毕。

（2）输送带无起皮现象，减速器、润滑油量正常，各处挡板、清扫器、卸煤器上胶皮松紧适度，确认完毕。

（3）托辊无缺损，各滚筒无积煤，确认完毕。

（4）信号联络正常，拉线开关、禁启按钮复位，接到开车信号，下序设备开启，确认完毕，可以开车。

3. 运行过程手指口述

（1）检查输送带、机头、机尾、机架、减速器、电动机部件运行稳定，无异常现象，确认完毕。

（2）检查挡板、清扫器、卸煤器上胶皮等部件效果良好，确认完毕。

（3）检查煤流稳定，无杂物，设备声音、温度正常，溜槽畅通，确认完毕。

4. 停车手指口述

（1）接到停车信号，上序设备全部停稳，确认完毕。

（2）输送带上物料彻底排空，确认完毕，可以停车。

任务 3.2　筛分机械的操作

一、工作前的准备

（1）检查各部位螺栓有无松动，如有松动应及时拧紧。

（2）检查激振器无漏油现象，防护罩螺栓无松动。

（3）检查筛网、筛板无破损、松动，压条无松动。

（4）检查支撑弹簧无损坏断裂，橡胶弹簧无变形。

（5）检查有无杂物堵塞筛面，如有杂物要及时清理。

（6）检查给、出料溜槽无堵塞破损。

二、开车

1. 集中开车

听到开车信号,站在控制按钮旁监视启动,发现异常情况时立即按下停止按钮,将禁启按钮打到禁启位置,并汇报主控进行检查处理。

2. 就地开车

主控同意就地开车后,对设备进行核对性检查,确认无影响设备正常运行的问题后按下启动按钮并监视设备运行情况,发现异常情况时立即按下停止按钮,将禁启按钮打到禁启位置,并汇报主控进行检查处理。

三、停车

1. 正常停车

接到停车命令,待筛上物料排空后按下停止按钮停车并汇报主控。

2. 紧急停车

发现设备运行异常时,要立即按下停止按钮停车,待筛子停止振动后,检查存在的问题并汇报主控处理。

四、操作调整

(1) 与有关岗位密切联系,将来煤根据各筛的筛分状况合理分配,保证正常分级,筛网漏洞较大时,要立即停车处理。

(2) 运转中应检查电动机、轴承的温升,用视、听、觉检查振动器、筛箱的工作情况,若发现异常应及时处理。

(3) 运行中注意筛面的工作情况,若出现筛网、筛板破损等现象要及时处理。

(4) 运行中注意筛分机的振幅和频率,若发现异常应及时找出原因并予以消除,以保证筛子处于良好的工作状态。

五、维护保养

(1) 经常检查电动机、传动轮、激振器、三角带、弹簧、筛板、筛体、紧固件等,若发现异常应及时处理。

(2) 保证轴承润滑良好,按时、按量注入高低牌号润滑脂。

(3) 定期检查筛面损坏情况,及时调整更换。

(4) 遵循执行筛子的每日例行检查并作好记录。

(5) 检修和处理问题时必须办理停电手续打闭锁,进入机体内排除故障时必须设专人监护。

六、岗位作业标准

开车之前检查细,筛板弹簧激振器;
情况不明不启动,密切监视听信号;
听到信号再启动,筛分效果勤掌握;
给料适中勤调整,声音温度都正常。

七、振动筛常见故障的原因分析及处理方法

振动筛常见故障的原因分析及处理方法见表 3-2。

表 3-2 振动筛常见故障的原因分析及处理方法

常见故障	原因分析	处理方法
筛分效果不好	1. 筛孔堵塞; 2. 原料水分高; 3. 给料不均; 4. 给料太厚; 5. 筛网不紧; 6. 振幅、转数不够	1. 及时清理被堵筛孔; 2. 调节振动筛倾角; 3. 调节给料; 4. 减少给料; 5. 拉紧筛网; 6. 调整振动筛有关部位
转数不够	三角传动带松	张紧三角传动带
轴承发热	1. 缺油; 2. 油中进水或含杂质; 3. 加油过多或油质不符合要求; 4. 轴承磨损	1. 注油; 2. 清洗后换油,加强密封; 3. 检查注油状况; 4. 换轴承
振动力小	飞轮上重块过轻或位置不适宜	调整重块的位置或加重
振动力大	偏心量不同	调整筛子的平衡
轴转不起来	1. 密封轴套被塞住; 2. 加油太多; 3. 油脂不符合要求,标号太高	1. 清扫; 2. 减少加油量; 3. 换油,选低标号机油

续表

常见故障	原因分析	处理方法
筛子运转时声音不正常	1. 轴承磨损过多； 2. 筛网未拉紧； 3. 固定轴承的螺栓松动； 4. 弹簧损坏	1. 换轴承； 2. 拉紧筛网； 3. 紧固螺栓； 4. 换弹簧
不出料	1. 穿心螺栓断； 2. 激振器损坏； 3. 三角传送带太松或槽带轮大小不一致； 4. 弹簧损坏	1. 更换穿心螺栓； 2. 更换激振器； 3. 张紧三角传送带，换槽带轮； 4. 更换弹簧
筛侧振或一角不振	1. 一台激振器坏； 2. 三角传送带太松，穿心螺栓断； 3. 弹簧损坏	1. 更换激振器； 2. 张紧三角传送带，更换穿心螺栓； 3. 更换弹簧
筛子振幅周期性变化	1. 筛箱刚性差； 2. 大架铆钉、螺栓松动	1. 更换筛箱； 2. 重新钉铆钉或紧固螺栓
穿心螺栓频繁断裂	1. 激振器装配质量问题； 2. 激振器槽带轮穿心螺栓孔不同心	1. 更换激振器； 2. 更换槽带轮

八、手指口述工作法

手指口述内容包括：筛子、轴承、电动机、弹簧、激振器、信号、操作箱、防护设施。

1. 交接班手指口述

（1）筛板、筛眼无堵塞，筛板无松动、破损，确认完毕。

（2）轴承润滑正常，无异声，支撑弹簧无损坏、断裂或变形现象，确认完毕。

（3）下料槽畅通，下料正常，确认完毕。

(4) 紧固螺栓无松动，激振器无漏油现象，油位正常，确认完毕。

(5) 禁启按钮复位，闭锁开关正常，操作开关正常，确认完毕。

(6) 筛帮、筛梁无开裂脱焊，确认完毕。

(7) 设备清洁，附近无积水、无杂物，确认完毕，可以接班进行正常操作。

2. 开车手指口述

(1) 筛板、筛眼无堵塞，筛板无松动、破损，确认完毕。

(2) 轴承润滑正常，支撑弹簧无损坏、断裂现象，确认完毕。

(3) 下料溜槽畅通，溜槽箅子上无杂物，确认完毕。

(4) 紧固螺栓无松动，激振器无漏油，油位正常，确认完毕。

(5) 闭锁开关正常，禁启按钮复位，操作开关正常，确认完毕。

(6) 筛帮、筛梁无开裂脱焊，确认完毕。

(7) 接到开车信号，下序设备已开启，确认完毕，可以开车。

3. 运行过程手指口述

(1) 检查筛板无松动、破损，声音正常，煤流均匀稳定，筛面无杂物，确认完毕。

(2) 轴承润滑正常，支撑弹簧无损坏、疲劳和断裂现象，确认完毕。

(3) 下料溜槽畅通，筛上喷水均匀，水量充足，筛下水畅通，确认完毕。

(4) 紧固螺栓无松动，电动机运行稳定，激振器温度正常，无漏油，油位正常，确认完毕。

(5) 筛帮、筛梁无开裂脱焊，确认完毕。

4. 停车手指口述

(1) 接到停车信号，上序设备全部停稳，确认完毕。

(2) 筛面上无物料，确认完毕，可以停车。

任务 3.3　破碎机的操作

一、工作前的准备

工作前除按《选煤厂机电设备检查通则》的要求对设备进行一般性检查外，还应对设备进行以下检查：

(1) 弧形齿板有无松动脱落，齿牙有无过度磨损及缺齿现象；

（2）缓冲弹簧是否灵活可靠，两侧弹簧压力是否均衡，长度是否一致；

（3）保险销装配是否牢固可靠，各检查孔和盖板是否复位、关严；

（4）安全防护设施是否完好、齐全、牢固；

（5）破碎机入、出料溜槽是否堵塞和有无杂物卡住，有无砸坏变形；

（6）机体内有无煤块，有无杂物卡塞现象。

如在上述检查中发现异常，应将禁启开关扳至断位置，并通过电话向集控室汇报，待问题处理完毕后，方可将禁启开关扳至通位置并通知集控室开车。

（7）开车前，应先人工将待动胶带盘动 1~2 圈确认运转灵活后，方可开车，执行此项操作时，必须把禁启开关扳至断位置。

二、正常操作的规定

1. 开车

（1）当听到集控室发出的开车预告信号后，应密切监视破碎机及其周围情况，如发现异常，应立即将禁启开关扳至断位置，并通过电话向集控室汇报禁启原因。

（2）若无异常，则应站在机旁监视设备启动。

2. 运行

（1）运行中应经常对以下部位进行检查：

①机身有无异常声响和振动；

②齿辊有无咬尖、蹩劲现象；

③各轴转动是否正常，有无窜动；

④三角传送带有无打滑现象。

以上检查项目如发现异常，应及时停车处理。

（2）运行中应每隔 2 小时停车检查弧形齿板的紧固情况，如发现松动，应立即通知集控室，并将禁启开关扳至断位置，待齿板紧固好后，将禁启开关扳至通位置，并通知集控室可开车。

3. 停车

（1）正常停车由集控室操作。

（2）特殊情况。

在运行过程中，如遇破碎机本身故障或金属木块等不能破碎的物料进入破碎机或入、出料溜槽发生堵塞等异常情况，应迅速按下控制箱上的紧急停车按钮，同时将挂墙控制箱的禁启开关扳至断位置，并迅速向集控室汇报停车原因。待问题处理好后，将禁启开关扳至通位置，并通知集控室可开车。

三、设备故障的处理

设备出现故障时严禁单人处理故障,并严格执行停送电制度和使用专用工具,处理故障的人员应熟知设备结构及工作原理,根据故障点及现场情况,在保障安全的前提下处理故障,禁止盲干、蛮干。

检修、维护、处理设备故障、清理岗位卫生,应按规定办理停送电手续,如需进入机内操作必须停机停电,并设专人监护。

模块四

分 选 作 业

【基础知识】

知识 4.1　刮板输送机

刮板输送机是一种连续运输设备，将物料放在输送槽中，刮板推动物料移动，达到运送物料的目的。和带式输送机相比，刮板输送机的运输倾角大，可达30°甚至45°，容易实现多点受料和卸料。其结构简单，强度高，刚度大，韧性好，耐冲击与摩擦，因此用途较为广泛。刮板输送机适于输送各种粉末状、小颗粒或块状的流动性较好的散粒物料，如煤炭、矿石、砂子、谷物等，不适于输送本身具有碾碎和磨损的脆性物料。

刮板输送机的工作段有的是上段，有的是下段，或者上、下段都是工作段。下段工作的刮板输送机，卸料比较方便，物料可以直接通过槽底的洞孔卸出。若要求两个方向输送物料，则上、下段同为工作段。

作为牵引构件的链条有一根、两根或三根，安设在刮板的中部或两端。链条通过链轮的啮合驱动。由于链轮为多边形，因此链条运动是非均匀的。链条的缺点是：质量较大，链条关节处易被沾污和磨损，运动速度不均匀会引起动力载荷，因此其运动速度不宜太快。

刮板的形状一般由输送槽的横截面确定，常为矩形或梯形。刮板由厚度为 3~8 mm 的钢板、角钢或扁钢冲压而成，也可采用可锻铸铁铸成或用异型钢材制造。

输送槽是用厚度为 4~6 mm 的钢板冲压或轧制的型钢与钢板焊接而成，每段为 4~5 m，彼此间可以连接起来。刮板与料槽之间有 3~6 mm 的间隙，在料槽内壁也可以铺设铸石衬板。

输送槽多是敞开式的，因此物料可经上方装入料槽的任意段。为防止物料溢出，在料槽两侧装挡料板。装料的数量，由供料的多少，或刮板本身经存料斗内刮出物料的多少来控制。物料可经机头端部抛出，或经槽底的洞孔卸出。洞孔的开闭由闸门控制。闸门可以是沿着料槽中心线运动的纵向闸门,也可以是垂直于料槽中心线的横向闸门,横向闸门不是将洞孔全部打开,因此,通过这个洞孔只卸出部分物料,其余物料仍沿着输送槽继续向前移动,并在下一个洞孔卸出。采用这种方法可在不同地点定量地卸出物料。

刮板输送机通常采用电动机驱动,通过减速器带动链轮转动。

一、XGZ 系列刮板输送机

图 4-1 所示是 XGZ 系列刮板输送机示意。

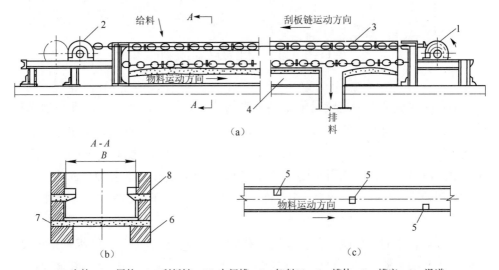

1—头轮;2—尾轮;3—刮板链;4—中间槽;5—卸料口;6—槽体;7—槽底;8—滑道

图 4-1　XGZ 系列刮板输送机示意

XGZ 系列刮板输送机由头轮组、尾轮组、中间槽、刮板链和驱动装置等部分组成。

1. 刮板链

刮板链由圆环链 1、连接环 2 和刮板 3 所组成,如图 4-2 所示。目前选煤厂用的刮板圆环链采用 $\phi 18 \times 64$ mm 棒钢制成,其节距为 64 mm,链条的破断拉力不小于 275 kN。为了方便刮板链使用,圆环链造成小段,每段由 15 个环组成,出厂时带有调整环,调整环的环数为 7、9、11、12,以备调节长度之用。

2. 头轮组和尾轮组

头轮组安装在头轮架上。它由传动轴、头轮和轴承座所组成。头轮是一个特制的带支承窝的链轮。在标准设计中,链轮由锰钢铸成。齿面的淬火硬度为 HRC40~HRC60。

尾轮组是圆环链的改向机构，它的结构与头轮组相似。尾轮的尺寸与头轮相同。为了适应链条节距和链轮支承窝等制造公差和使用磨损所造成的链条伸长，尾轮组与机架为滑动安装，利用调整螺栓可将链条拉紧。最大的拉紧距离一般为 300 mm，超过这个距离，可更换短链条。

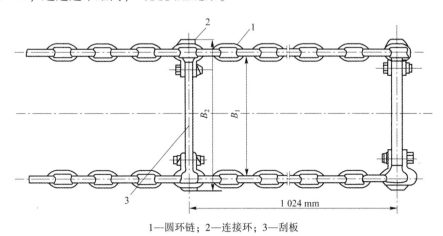

1—圆环链；2—连接环；3—刮板

图 4-2　刮板链示意

3. 中间槽

中间槽是 XGZ 系列刮板输送机的运载装置，中间槽的材料和结构可以因地制宜地铺设。标准设计中的中间槽分为钢结构槽箱和砖结构槽箱两种形式，其底部和内壁均铺砌铸石衬板。

4. 驱动装置

XGZ 系列刮板输送机的驱动装置由电动机减速器和联轴器组成。减速分为两种类型，一种是输入轴与输出轴在同一直线上，另一种是轴线相互垂直。驱动装置可布置在输送机的任意一侧，每台输送机只能安装一套驱动装置。

5. 闸门

XGZ 系列刮板输送机的电动式平板闸门主要由电功驱动装置、平行移动的闸门和闸门框架组成。开闭闸门用的行星摆线针轮减速器，由嵌装其上的电动机驱动，通过弹性柱销联轴器，带动位于闸门中部的小齿轮转动。闸门下部安装有一长齿条，齿轮转动使齿条平移，带动闸门沿垂直输送机轴线方向向外平移，将输送机中间槽底部的卸料孔打开。

二、刮板输送机常见故障及处理方法

刮板输送机常见故障及处理方法见表 4-1。

表 4-1 刮板输送机常见故障及处理方法

故障	可能原因	处理方法
飘链	1. 槽底不平; 2. 细粒物料进入链条下面	1. 修正槽底; 2. 加清扫板
链脱轨或串位	卸料不彻底,块状物或木板挤入链轮支承窝内	在卸料口和机头之间加清扫器
链条两侧松紧度不同,连接环断裂	1. 机体本身不够平直; 2. 给料偏向一侧; 3. 连接螺栓松脱,拉力集中在连接环一边	1. 调正槽体; 2. 改进给料槽位置; 3. 经常检查连接环螺栓,避免松动
链条卡链轮	1. 链条和链轮加工精度不够; 2. 组装链条时,有一部分焊口为朝上	1. 检查链条焊口方向; 2. 进行调整
断链	1. 冲击及疲劳断裂; 2. 严重磨损及腐蚀; 3. 链条制造质量差	1. 降低动载荷; 2. 更换严重磨损和腐蚀的链条; 3. 更换不合格链条

知识 4.2 空气压缩机

空气压缩机简称空压机,是一种十分重要的辅助生产设备,在选煤厂被广泛地应用于重介质搅拌、风力提升、清仓、气动闸门以及加压过滤系统和管道清理等。特别是近几年,随着加压过滤机和隔膜压滤机在煤泥脱水系统中的广泛应用,空压机在选煤设备中的地位越来越重要。

一、工作原理

1. 活塞式空压机的工作原理

活塞式空压机的工作原理为:由电动机通过曲柄连杆机构带动活塞,使活塞在气缸内做往复运动,当活塞自左向右移动时,气缸内的空间增大而压力降低,空气通过过滤器和吸气管,推开弹簧式吸气阀进入气缸,当活塞自右向左移动时，吸气阀在弹簧力的作用下立即关闭，气缸内空气受压缩，其压力逐渐上升，当气缸内压力上升到大于风包内的压力时，即推开弹簧式排气阀，将压缩空气排入风包。由于空气在压缩过程中要放出热量，为了保证空压机安全工作和提高效率，在气缸周围常设置水管，通过冷却水带走气缸内的热量。

2. 螺杆式空压机的工作原理

螺杆式空压机的工作原理和活塞式空压机一样，按照吸气、压缩、排气这个过程进行。螺杆式空压机主要靠一对转子的旋转和相互啮合，使处于转子齿槽间的空气不断产生周期性的容积变化，并沿着转子轴线的吸入侧至排出侧，实现吸气、压缩、排气的过程。螺杆式空压机的结构如图4-3所示。

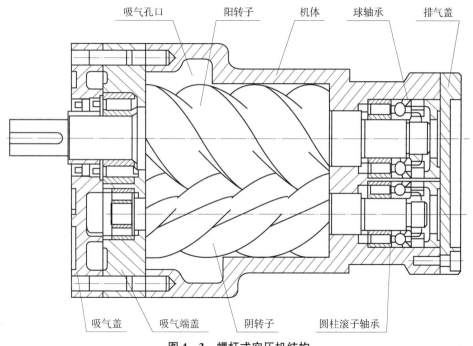

图4-3 螺杆式空压机结构

二、日常保养维护

日常保养维护是空压机安全、可靠运行的重要保证，只有使空压机在良好的状态下运行，才能充分发挥设备效能，确保工艺系统的正常运转。

空压机的日常保养维护通常要进行下列工作：

（1）保持设备清洁、干燥、无油污、不泄漏。

（2）每天检查空压机的运行声音是否正常，有无振动及泄漏情况，若发现问题及时处理。

(3) 每天检查空压机油位是否合适,并且正确使用润滑油。

(4) 每天做好"运行期间应该注意的事项"中要求进行的各项检查工作。

(5) 空压机运转达到一定时间时,应及时进行检查、修理或更换已损坏的零部件,使空压机经常处于完好状态。

(6) 经常检查空压机进、出水(气)管路系统(管件、阀门)支撑机构是否有松动,确保支撑机构牢靠,空压机不承受支撑力。

(7) 经常检查空压机基础紧固螺栓的紧固情况,确保连接牢固可靠。

(8) 空压机长时间不用或冬季环境温度较低时,一定要把机器中任何一处的存水全部放净,以防冻裂机器。

(9) 空压机长期停车时应注意做好防锈油封维护保养工作。空压机重新启动前,其运动部件(如十字头及滑道、连杆轴承等)应注入清洁的润滑油,以免启动时损坏运动部件。

(10) 空压机在出厂前已经涂脂封存,一般封存时间为1年(从入库之日计算),超过即需重新清洗并涂脂封存。空压机存放在露天、潮湿、有腐蚀的环境中时,需视具体情况减少封存时间,提前更新封存。

在使用当中如需要暂停使用,时间超过半个月时,气阀、气缸、活塞杆、活塞等无油润滑的运动表面应涂油封存。如暂停使用超过1个月以上,应按照封存方法清洗擦净,涂脂封存。

知识 4.3　离心式水泵和真空泵

一、离心式水泵的分类

离心式水泵是一种广泛应用于国民经济各部门的通用机械。为了适应各种不同的使用条件,离心式水泵有多种结构形式。选煤厂应用的离心式水泵种类繁多,简要分类如下。

1. 按离心式水泵的级数来分

(1) 单级泵:叶轮上仅有一个吸水口;

(2) 双级泵:叶轮两侧各有一个吸水口。

2. 按离心式水泵的工作介质分

(1) 清水泵:吸、排含有砂粒、泥浆成分较少的水;

(2) 渣浆泵:吸、排含有砂粒、泥浆成分较多的水。

二、离心式水泵的工作原理

单级离心式水泵的主要工作部件为叶轮，其上有一定数目的叶片，叶轮固定于轴上，由泵轴带动旋转，泵的外壳为螺线形扩散室，泵的吸水口与吸水管连接，泵的排水口则与排水管连接。

当离心式水泵开动后，叶轮即随泵轴旋转，原来由漏斗注入叶片流道间的水，在叶片的动力作用下做旋转前进运动，水在从叶轮进口流向叶轮出口的过程中，其速度能和压力能都得到增加，被叶轮排出的水经过螺线形扩散室，大部分速度转换成压力能，然后沿排水管输送出去。这时，叶轮进口处则因水的排出而形成真空，吸水池中的水在大气压力的作用下被压入叶轮的进水口。于是，旋转着的叶轮就连续不断地把水吸入和排出，从而形成连续的水流。

从离心式水泵的工作原理，可以了解离心式水泵的正常工作必须具备两个基本条件：

（1）离心式水泵启动前，必须向泵内充满水；
（2）离心式水泵的工作轮（叶轮）必须旋转。

三、渣浆泵

选煤厂最常用的是 ZJ 系列渣浆泵和 AH、ST 系列渣浆泵。

1. 工作原理

渣浆泵属于离心式水泵。渣浆泵的工作原理如图 4-4 所示。渣浆泵的外壳容器是静止不动的，而外壳内的叶轮由电动机带动高速旋转，叶轮转动产生的离心力作用于液体，将充满于叶轮之间槽道中的液体从叶轮中心甩向四周，并抛入泵壳内，使液体获得动能和压能。由于叶轮外围的泵壳断面是不断加大的，故液体的动能部分转化为压能，因此渣浆泵出口处的液体具有较大的压力，可以通过排水管道把液体排送到一定的高度和距离。另外，在液体从叶轮中心甩向四周的同时，叶轮进口处形成低压带（具有一定真空度），液池中的液体在大气压力的作用下，通过滤网经吸入管进入叶轮内，以补充从叶轮中流出的液体量。叶轮不断旋转，使液体获得离心力，液体不断地被吸入和压出，这样，渣浆泵就源源不断地向外输水。

2. 结构形式

选煤厂常用的渣浆泵分为卧式轴向吸入单级单吸离心式渣浆泵和立式轴向吸入单级单吸离心式渣浆泵两大类，尽管型号众多，但其结构大同小异。常用卧式渣浆泵的结构示意如图 4-5 所示。

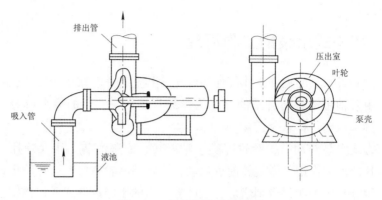

图4-4 渣浆泵的工作原理

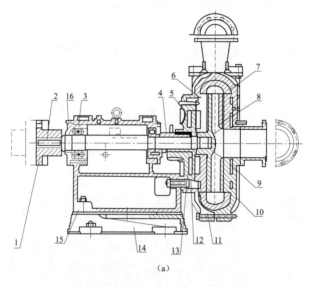

(a)

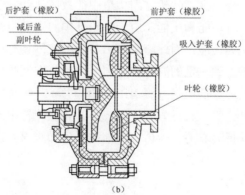

(b)

1—联轴器；2—泵轴；3—轴承箱；4—拆卸环；5—副叶轮；6—后护板；7—蜗壳；8—叶轮；9—前护板；10—前泵壳；11—后泵壳；12—填料箱；13—水封环；14—底座；15—托架；16—调节螺钉

图4-5 卧式渣浆泵的结构示意

渣浆泵的型号虽然很多，但它们的结构和主要零部件的形状是相近的。渣浆泵主要由泵轴、叶轮、吸入室（进水段）、蜗壳（出水段）等过流部件以及密封环、填料箱和平衡盘等主要辅助部件构成。

1）泵轴

泵轴是传递扭矩（机械能）的主要部件。制造中、低压渣浆泵的泵轴的材料一般为碳钢，大型高压渣浆泵则采用铬钒钢或铬钼钒钢。泵轴是经锻造后精加工制成的。泵轴可以分为光轴（即等直径轴）和阶梯轴两种。

2）叶轮

叶轮的作用是把电动机的机械能传递给液体，使液体的压能和动能均有所提高。

叶轮一般由前护板、叶片、后护板和轮毂所构成，叶轮可分为以下 3 种：

（1）开式叶轮：内部漏泄损失大，效率低，只适用于吸取黏性较大的液体，一般情况下不采用。

（2）半开式叶轮：内部漏泄损失也不小，适用于吸取易于沉淀和含有灰砂的液体。

（3）闭式叶轮：两边都有护板，漏泄少，效率高，一般渣浆泵都采用这种叶轮。

3）吸入室

吸入室的作用是使液体以最小的损失均匀地进入叶轮。吸入室主要有 3 种结构形式：锥形管吸入室、圆环形吸入室、半螺旋形吸入室。

4）蜗壳

蜗壳的作用是以最小的损失，将从叶轮中流出的液体收集起来，均匀地引至泵的出水口或次级叶轮，在这个过程中，还将液体的一部分动能转化为压能。

蜗壳的主要结构形式有：螺旋形蜗壳、环形蜗壳、径向导叶、流道式导叶、扭曲叶片式导叶等。

5）轴封

为了保证渣浆泵正常运转和高效率工作，转子与泵壳之间必须设密封装置。密封的目的是在吸水端防止空气漏入造成真空破坏中断吸水，在高压端是防止高压水漏出。常用的轴封有副叶轮密封（副叶轮＋填料组合密封）、填料密封以及机械密封 3 种形式。

副叶轮密封由减压盖、副叶轮、填料垫、水封环等构成。副叶轮＋填料组合密封由填料箱、副叶轮、水封环、填料、填料压盖、轴套组成，这种轴封方式具有不需轴封水、不稀释矿浆、密封效果好等优点。

填料密封分为倒灌式和吸入式两种结构形式。填料密封由水封环、盘根、盘根压盖、挡圈、水封管组成。填料密封结构简单、维修方便，但需使用轴封水，且水封管要对准水封环的中间位置，以保证水封效果。

机械密封由填料箱、间隔套、机械密封、压盖、轴套组成。机械密封依靠一个固定于轴上的转环和固定于泵壳上的静环,借助平滑端面间的紧密接触来密封。

四、真空泵

选煤厂广泛使用真空泵与真空过滤机配合,实现对浮选精煤以及煤泥的脱水作业。真空泵是选煤厂十分重要的辅助生产设备。

真空泵可分为水环式真空泵、往复式真空泵、旋片式真空泵、滑阀式真空泵、射流式真空泵等类型。选煤厂常用的真空泵是水环式真空泵。其中,SZ 系列真空泵通常用于小型选煤厂,2YK 系列真空泵应用于大中型选煤厂。2BE1~2BE3(SKA)系列真空泵是引进国外技术生产的先进产品,目前在选煤厂中已得到广泛的应用。

1. 工作原理与结构

1) 工作原理

水环式真空泵分为单作用式和双作用式两种。SZ 系列真空泵、2BE1~2BE3(SKA)系列真空泵是单作用式水环式真空泵,2YK 系列是双作用式水环式真空泵。

(1) 单作用式水环式真空泵的工作原理。其工作原理示意如图 4-6 所示。叶轮偏心安装在泵体内,启动前向泵体内注入一定量的水(水深接近泵轴线)。当叶轮旋转时,离心力作用使泵体内的水紧贴着泵体的筒壁形成一个旋转的水环,水环与叶轮之间形成一个月牙形空间,叶轮的叶片将此空间分割成若干小室。沿着旋转方向右边小室的容积逐渐增大,造成一定"真空",使气体由吸气孔吸入,左边小室的容积逐渐减小,因此使气体压缩后由排气孔排出,完成一个抽气过程。叶轮每转动一次,叶轮间的空气容积就改变一次。每个叶片间的水像活塞一样往复一次,因此吸一次气,排一次气。随着叶轮的不断旋转,完成真空泵的连续工作过程。

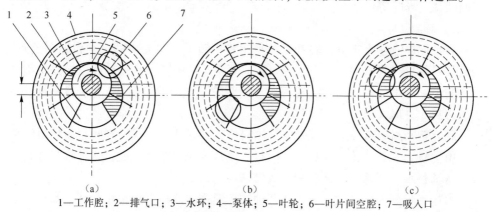

1—工作腔;2—排气口;3—水环;4—泵体;5—叶轮;6—叶片间空腔;7—吸入口

图 4-6 单作用式水环式真空泵的工作原理示意

(a) 吸气;(b) 压缩;(c) 排气

(2) 双作用式水环式真空泵的工作原理。其工作原理示意如图 4-7 所示。叶轮安装于两个半圆形内腔的泵体中，当叶轮按照图示箭头方向旋转时，注入泵体内的水也和单作用式水环式真空泵一样，由于离心力的作用形成一个旋转的水环，水环形状与真空泵内腔相似，水环与分配器之间形成上、下两个新月形空间。当叶轮由 A 点转动到 B 点时，两个叶片之间的空间由小变大，造成一定真空，起到吸气的作用；当叶轮由 B 点转动到 C 点时，两个叶片之间的真空逐渐减小，使原来吸到空间中的气体受到压缩，当压力略大于排气压力时，气体经分配器至排气孔排出。叶轮由 C 经 D 到 A，又重复上述吸气和排气过程。所以，叶轮每转动一圈，吸气两次，排气两次，故称为双作用式水环式真空泵。随着叶轮的不断旋转，陆续完成真空泵的连续工作过程。

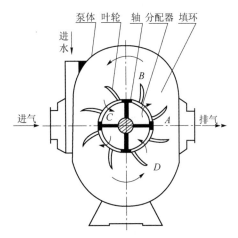

图 4-7　双作用式水环式真空泵的工作原理示意

由于水环式真空泵在工作过程中，水环会发热（因为气体受到压缩而发热），同时一部分水会和气体一起被排出泵体，因此，水环式真空泵在工作中必须不断补充冷水，用于冷却和补充真空泵内消耗的水。

2）结构

水环式真空泵虽然分为单作用式和双作用式两种形式，但其结构大体相似，下面以单作用式水环式真空泵的结构为例加以说明。单作用式水环式真空泵的结构示意如图 4-8 所示。

单作用式水环式真空泵由泵体、叶轮、轴、前侧盖、后侧盖、前分配器、后分配器、阀板部件、轴封部件、前轴承部件、后轴承部件等部分构成。侧盖与分配器分开，泵体为椭圆形，根据抽吸的最低绝对压力，叶轮分为铸造和焊接两种，并装有自动排水阀门。真空泵泵轴通常采用阶梯轴的形式，轴上装有可更换的轴套，轴封采用填料密封或机械密封。

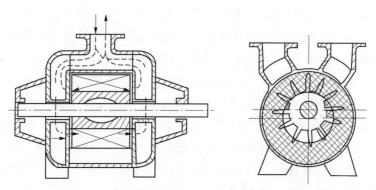

图 4-8　单作用式水环式真空泵的结构示意

双作用式水环式真空泵与单作用式水环式真空泵的主要区别是在转子内部装有固定的分配器。其前、后分配器的结构形式是相同的,两个分配器上有两个进气孔道和两个排气孔道,孔道的位置分别和水环所形成的新月形空间的进气、排气装置相适应。吸气孔道和端盖内层空腔相通,排气孔道和端盖外层空腔相通,两端盖的内层空间和泵的吸气门相连,外层则和排气口相通。

水环式真空泵的管路系统主要有进水管、放水管和回水管。回水管的作用是将水环式真空泵内水环外部的水引向分配器两侧,起到密封作用,把吸气部分和排气部分隔离开。

2. 真空泵的传动形式

真空泵的传动形式可分为三大类:一类是用联轴器连接,称为直接传动(如 SZ 系列和 2BE 系列),另一类是在电动机和真空泵之间装有减速器(如 2BE 系列以及 SKA 系列),第三类是采用三角带传动(如 2YK 系列)。

3. 真空泵的常见故障和处理方法

真空泵的常见故障和处理方法见表 4-2。

表 4-2　真空泵的常见故障和处理方法

序号	故障形式	原因分析	排除方法
1	抽气量不够	注水量不足	将注水量调整到合适的流量
		水环温度过高	改善冷却水系统的工作效果
		填料漏气	调整或更换填料
2	真空度不够	注水量不足	将注水量调整到合适的流量
		注水管道堵塞	检查并清理注水管道
		真空管道堵塞	检查并清理真空管道
		密封部分泄漏	检查并更换密封装置

续表

序号	故障形式	原因分析	排除方法
3	泵体发热	注水量不足	将注水量调整到合适的流量
		注水管道堵塞	检查并清理注水管道
		真空管道堵塞	检查并清理真空管道
		密封部分泄漏	检查并更换密封装置

知识 4.4　给料机

给料机种类繁多，分为振动给料机、往复给料机、圆盘给料机、叶轮给料机和板式给料机等。目前在选煤厂应用最多的是振动给料机。

一、电磁振动给料机的类型、结构及工作原理

电磁振动给料机从结构上主要分为直线料槽往复式（简称直槽式）和螺旋料槽扭动式（简称圆盘式）两类，两者的工作原理基本相同。直槽式一般用于不需定向整理的粉、粒状物料的给料，或用于对物料进行清洗、筛选、烘干、加热或冷却；圆盘式一般用于需要定向整理的物料的给料，多用于具有一定形状和尺寸的物料传输的场合。电磁振动给料机一般由给料槽、电磁铁、衔铁、连接叉、基座、板弹簧和减振弹簧组成。其结构示意如图4-9所示。

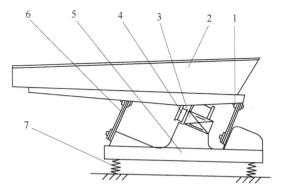

1—连接叉；2—给料槽；3—电磁铁；4—衔铁；5—基座；6—板弹簧；7—减振弹簧

图 4-9　电磁振动给料机结构示意

电磁振动给料机是一个较为完整的双质点定向强迫振动的弹性系统，整个系

统工作在低临界共振状态，主要利用电磁激振器驱动槽体以一定的倾角作往复振动，使物料沿槽移动。

电磁激振器的电磁线圈是将单相交流电经整流器整流后供电的。当线路接通电源后，在交流电的正半周期，脉动电流流过线圈，在铁芯和衔铁之间产生一脉动电磁吸力，使槽体向后运动，激振器的主弹簧发生变形，储存势能；在交流电的负半周期，线圈中无电流通过，电磁力消失，衔铁在弹簧力的作用下与电磁铁分开，使料槽向前运动，这样料槽就以交流电源的频率连续地进行往复振动。

二、电磁振动给料机的维护

(1) 经常检查所有螺栓的紧固情况，特别是主弹簧的预紧螺栓。

(2) 铁芯和衔铁之间的工作气隙，在任何时候都应保持平行和清洁。

(3) 对于在尘埃较多的场合工作或输送铁磁性物料时，激振器的密封盖必须盖好。

(4) 线圈压板必须压紧，防止振动使线圈磨损，线圈引出线可穿以橡胶套管。

(5) 在设备运转中，如振动突然发生变化，除马上检查电气控制部分外，还应检查主弹簧是否有断裂现象。如有损坏，则应换上同样尺寸规格的弹簧。

(6) 给料槽更换耐磨衬板时，应换上相同厚度的耐磨衬板。

(7) 运行中的其他故障及其可能产生故障的原因见表 4-3。

表 4-3 电磁振动给料机运行中的其他故障及其可能产生故障的原因

序号	故障现象	可能的原因	结果
1	接通电源后，机器不振动	1. 熔丝断了； 2. 线圈导线短路； 3. 接头处有断头	机器完全停止
2	振动微弱，调整电位器或调压器，振幅反应小，或不起作用	1. 整流器被击穿，失去整流作用； 2. 线圈的极性接错； 3. 工作气隙堵塞； 4. 板弹簧的间隙被杂物卡住	1. 将整流器去掉后，没有不同现象； 2. 电流增大； 3. 电流增大； 4. 固有频率增大，振幅减小

续表

序号	故障现象	可能的原因	结果
3	机器噪声大,调节电位器及调压器,振幅反应不规则,有猛烈的撞击	1. 板弹簧或螺旋弹簧断裂; 2. 槽体与激振器的连接螺栓松动或断裂	无法调谐,电流与振幅减小,产量下降
4	机器冲动或间歇地工作	线圈导线损坏	电流上、下波动

知识 4.5 重介质分选设备

在密度大于 1 g/cm³ 的介质中,按颗粒密度的差异进行选煤,叫重介质选煤或重介选煤。

选煤所用的重介质分为重液和重悬浮液两类。有机溶液和无机盐水溶液属于重液,重液价格高,不易回收,多数还有毒性或腐蚀性,所以没有在工业上使用,只在实验室中使用。目前,国内外普遍采用磁铁矿粉与水配制的悬浮液作选煤用的重介质,这种悬浮液可以配制成需要的密度,而且容易净化回收。

重介质选煤的主要优点是,分选效率高于其他选煤方法,分选效率可达 99% 以上,可以处理难选煤和极难选煤;分选粒度范围和密度范围宽,分选粒度下限为 0.5 mm,上限可达 500 mm 以上,分选密度可在 1.3~2.0 g/cm³ 范围内调整;工艺操作简单,调节方便。重介选煤的缺点是,介质回收再生系统复杂,生产费用较高,设备磨损快,维修量大。

重介质选煤使用范围广,可以代替人工手拣矸石,不仅分选效果好,生产效率高,而且把人从笨重的体力劳动中解放出来,对于难选煤和极难选煤,采用重介质选煤,可提高精煤生产率。

重介质选煤的基本原理是阿基米德原理,即浸没在重介质中的颗粒受到的浮力等于颗粒所排开的同体积的介质重量。

重介质选煤一般分级入选,分选块煤在重力作用下用重介质分选机进行;分选末煤在离心力作用下用重介质旋流器进行。

一、重介质分选机分选原理

在静止的悬浮液中,作用在颗粒上的力有重力 G 和浮力 G_0,因此,悬浮液中颗粒所受的合力为

$$F = G - G_0 \tag{4-1}$$

而 $G = V\delta g$, $G_0 = V\rho g$,则

$$F = V\delta g - V\rho g = V(\delta - \rho)g \tag{4-2}$$

式中　V——颗粒的体积,m^3;

　　　ρ——悬浮液的密度,kg/m^3;

　　　δ——颗粒的密度,kg/m^3;

　　　g——重力加速度,m/s^2。

式(4-2)表明,物体在介质中所受的合力 F 与物体体积和物体与介质的密度差成正比,其方向取决于密度差。当 $\delta > \rho$ 时,颗粒下沉;当 $\delta < \rho$ 时,颗粒上浮。重介质的密度介于块炭和矸石密度之间,因此它们得以分离,原料煤给入重介质分选机后,按密度分成两种产品,分别排出和收集这两种产品,就达到了重介质分选的目的。在分选过程中,粒度大时分层速度快,粒度小时分层速度慢。为提高分选效果,入选物料一般要预先分级处理。重介质分选机分选过程如图 4-10 所示。

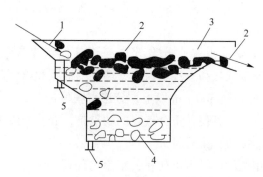

1—原煤;2—精煤;3—水平介质流;4—矸石;5—垂直介质流

图 4-10　重介质分选机分选过程

二、重介质旋流器分选原理

重介质旋流器分选过程如图 4-11 所示。物料和悬浮液以一定压力沿切线方向给入重介质旋流器,形成强有力的旋涡流。液流从入料口开始沿重介质旋

流器内壁形成一个下降的外螺旋流；在重介质旋流器轴心附近形成一股上升的内螺旋流。内螺旋流具有负压而吸入空气，在重介质旋流器轴心形成空气柱。入料中的精煤随内螺旋流向上从溢流口排出；矸石随外螺旋流向下，从底流口排出。

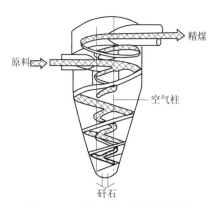

图4-11 重介质旋流器分选过程

重介质旋流器是利用阿基米德原理在离心力场中完成分选过程的。在离心力场中，质量为 m 的颗粒所受的离心力 F_c 为

$$F_c = mv^2/r \tag{4-3}$$

式中　v——颗粒的切线速度；

　　　r——颗粒的旋转半径。

在重介质旋流器中，颗粒所受离心力为

$$F_c = V\delta v^2/r \tag{4-4}$$

悬浮液给物料的向心托力 F_0 为

$$F_0 = V\rho v^2/r \tag{4-5}$$

颗粒在悬浮液中半径为 r 处所受的合力 F 为

$$F = F_c - F_0 = V(\delta - \rho)v^2/r \tag{4-6}$$

式中　V——颗粒的体积。

式（4-6）表明，当 $\delta > \rho$ 时，F 为正值，颗粒被甩向外螺旋流；当 $\delta < \rho$ 时，F 为负值，颗粒被甩向内螺旋流，从而把密度大于介质的颗粒和密度小于介质的颗粒分开。

三、重介质分选设备

重介质分选设备的种类很多，根据其工作原理可分为两大类：一类是在重力场中进行分选的设备，通常称为重介质分选机，主要用于分选块煤；另一类是在离心力场中进行分选的设备，通常称为重介质旋流器，主要用于分选末煤。

重介质分选设备在其发展过程中有过许多不同设计形式，尽管有些未得到推广，另一些则广泛应用至今，但各种重介质分选设备都应该满足以下基本技术要求：

(1) 在较宽的密度范围内能精确地分选；

(2) 分选区内介质的密度稳定；

(3) 处理能力强，占用厂房空间小；

(4) 介质循环量（介煤比）小；

(5) 结构简单，质量小，耐磨，运行可靠；

(6) 分选粒度范围宽，对密度组成的变化有良好的适应性。

根据本书的目的，这里只介绍具有代表性的国内普遍应用的重介质分选设备。

1. 重介质分选机

重介质分选机由分选槽、排料装置及其传动机构组成，分选槽是用钢板焊接的槽子。根据选煤工艺和重介质分选机整体结构的需要，分选槽可以设计成各种形式。排料装置是把选后产品（精煤、中煤和矸石）分别排出分选槽的运输装置，其机械结构也是多种多样的，可以采用刮板、胶带、提斗、叶轮、提升轮、空气提升器等各种运输装置。总的来看，选煤用的重介质分选机的结构并不复杂，没有较多运动部件。但是，由于排料装置和分选槽形式的种类较多，所以可以组合成多种形式的重介质分选机，并各有特点。不管重介质分选机的结构如何变化，但必须满足以下基本要求：

(1) 构造简单，质量小，运动部件少，运转可靠，耐磨性能好，操作及维修方便。

(2) 外形尺寸应尽可能小，但要保证物料在机内有充分的分选时间和分层空间，单位面积处理量要大。

(3) 要使全部悬浮液密度保持均匀，保证物料能够精确地按密度被分选。机内运动部件运动速度要小，以免造成过大的涡流。上升和下降液流速度不应太大，以减少物料粒度和颗粒形状对分选效果产生的影响。

(4) 原料煤能平稳地进入分选槽，并能迅速地将已经分层的产品从机内排出，不因产物排放的不及时而影响处理量。

(5) 循环介质（悬浮液）量要小。悬浮液的循环量是指每小时进入重介质分选机的悬浮液总体积。

(6) 分选槽的形状有利于保持悬浮液稳定移动，避免产生涡流或死区。

重介质分选机存在的一个突出问题，是设备部件的磨损。磁铁矿悬浮液对设备的冲刷和零件在悬浮液中的相对运动，造成某些零件和部件磨损十分严重。为了解决这个问题，在设计重介质分选机时，一方面应尽量减少在悬浮液中有相对运动的零件；另一方面应尽量采用新型耐磨材料。

重介质分选机是在重力的作用下在重介质中按密度分选，基本上和浮沉分析的原理相同。重介质分选机选煤的粒度范围一般为 6～300 mm，一些大规格的设备上限可达到 1 000 mm。如果原煤的水分较高，或细粒级含量较大，筛分有困难，可能入选下限只为 13 mm 或 10 mm，特别是当分选密度高（如大于 1 700 kg/m³ 或 1 800 kg/m³），重介质黏度较大的时候，会严重影响分选效果。

重介质分选机的分选槽分为深槽和浅槽两大类。深槽重介质分选机槽深较大，有较平静的分选区和较长的分选时间，重介质密度波动较小，所以分选精度较高。由于槽深较大，较容易设计出三产品分选槽，但要求的循环介质量较大，现在国内外使用得不多，所以这里不再介绍。浅槽重介质分选机所需循环介质量较小，结构紧凑，占地面积小。属于这一类的重介质分选机比较多，有特朗普浅槽分选机、丹尼尔分选机、斜轮或立轮分选机、麦克纳利分选机、鼓形分选机等。其中多数是两产品的，也有少数三产品的。下面简要介绍几种常见的重介质分选机。

1）浅槽重介质分选机

（1）结构。

浅槽重介质分选机如图 4-12 所示，其结构示意如图 4-13 所示。

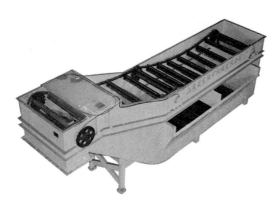

图 4-12　浅槽重介质分选机

浅槽重介质分选机是近年来发展起来的新型高效选煤机，是目前国内外先进的块煤分选设备，其以处理量大、分选精度高、对煤质适应性强和入料粒度范围宽、能处理难选和极难选煤等优点而得到选煤界的认可。

图 4-13 所示是彼得斯浅槽重介分选机的结构示意。它主要由槽体、水平流

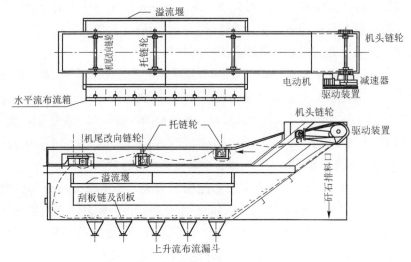

图 4-13　浅槽重介质分选机的结构示意

及上升流、排矸刮板系统、驱动装置等部分组成。

槽体是钢外壳的槽式结构，在槽体底部并排设有漏斗，提供上升介质流，槽内漏斗上整体铺设成一层带孔的耐磨衬板（带孔布流板），通过沉头螺栓与槽体底板固定；入料口设在槽体侧板一方，与脱泥筛的出料溜槽相连，入料口下方并排设有水平流出口，由此泵入水平流以保证物料层向排料方向运行，并维持槽内液面高度；在与入料口相对的槽体的另一侧为溢流槽，轻物料通过溢流槽口进入溜槽和后续脱介工序；底板靠传动的斜面，出口处设有重物料提升排料口，重物料通过矸石排料口进入溜槽及后续脱介工序。

排矸刮板系统由头轮组、尾轮组、两组随动轮组刮板、链条、连接板、导轨、紧链装置等组成。刮板通过连接板固定在两侧链条之间，链条挂在头轮组、尾轮组和两个随动轮组的链轮上，链条的下端嵌入导轨滑槽内；头轮组、尾轮组、随动轮组均由轴两片链轮、轮毂滚动轴承组成，通过轴承座固定在槽体侧板的相应位置上；为调整刮板链条垂度，尾轮组轴承座装在滑块上，利用液压张紧油缸调整尾轮位置，进而张紧链条。

驱动装置由电动机、减速器、三角传送带等组成。

（2）工作原理。

浅槽重介质分选机内悬浮液通过浅槽底部和侧面两个部位给入分选槽体内。下部给入的称为上升流，通过带孔的布流板进入槽内，使其分散均匀。上升流的作用是保持悬浮液稳定、均匀，同时起到分散入料的作用。从侧面给入的称为水平流。通过布料箱的反击和限制，可以使水平流全宽、均匀地进入分选槽内。水平流的作用是保持槽体上部悬浮液密度稳定，同时形成由入料端向排料端的水平介质流，对上浮精煤起到运输的作用。当入洗原煤经脱泥筛脱泥，由入料口进入浅槽内后，在调节挡板的作用下全部浸入悬浮液中。此时在浮力的作用下开始出现分层。精煤等低密度物料浮在上层，矸石等高密度物料沉到槽底部。在下沉的过程中，与矸石混杂的低密度物质由于上升流的作用而充分分散后继续上浮。在水平流的作用下，浮在悬浮液上部的低密度物质由排料溢流口排出成为精煤产品。在刮板的作用下，沉到槽底的高密度物质由机头溜槽排出成为矸石产品，从而完成入洗原煤的分选过程。

(3) 使用维护。

浅槽重介质分选机运转中除常见故障外，主要易发故障为刮板链断裂、刮板链走斜及刮板弯曲、大块异物卡堵刮板，因此日常维护及故障处理应做到以下几点：

(1) 刮板链磨损严重，应定期检查，及时更换。

(2) 刮板链过松，垂度过大，刮横梁，导致链条疲劳断裂，应调节链条松紧。

(3) 刮板链与滑道啮合不好，链条拉断，应检查滑道、链条有无变形，同时调节链条松紧。

(4) 刮板刮底板和耐磨衬板，应将底板与耐磨衬板连接的沉头螺栓拧紧，若耐磨衬板磨损严重，应及时更换。

(5) 及时调整拉紧装置，保证两侧刮板链张紧度一致。

(6) 对于弯曲的刮板应及时更换。

(7) 刮板卡堵大块时应及时停车，取出异物后再开车。

浅槽重介质分选机单机为两产品分选机，其分选粒度为 13～150 mm，其分选要求循环悬浮液量较大，磁铁矿粉粒度要求较细，优点是处理能力强。如槽宽为 6.1 m 时，最大处理量可达 550 t/h，排矸能力为 228 t/h。随着浅槽重介质分选机不断国产化、大型化，其应用也越来越广泛。

2) 斜轮重介质分选机

斜轮重介质分选机（见图 4-14）主要由容纳悬浮液的分选槽、排出重产物的提升轮、排出轻产物的排煤轮和传动装置组成。分选槽 1 由钢板焊成多边形箱体，上部为矩形，底部槽体的两壁为两块倾角为 45°的钢板。提升轮 2 装在分选槽 1 旁侧的机壳内，传动部分设在分选槽下部，包括提升轮轴 4、圆柱圆锥齿轮减速器 5 和电动机 6。提升轮 2 下部与分选槽 1 底部相通，提升轮骨架 7 用螺栓与转轮盖 8 固定在一起，转轮盖 8 用键安装在轴上。提升轮 2 的边帮和底板分别由立式筛板 9 和筛底 10 组成。在提升轮 2 的整个圆面上，沿径向装有冲孔筛板制成的若干块叶板 11，用来提取沉物。提升轮 2 的轴由支座 12 支撑。轴承座 13

用螺栓与支座 12 相连。六角形排煤轮 3 由电动机 14 通过链轮 15 带动旋转。排煤轮两侧装有六边形骨架，并与 6 根卸料轴相连，每根卸料轴上装有若干用胶带 17 吊挂的重锤 18，浮煤靠重锤 18 拨出分选槽 1。

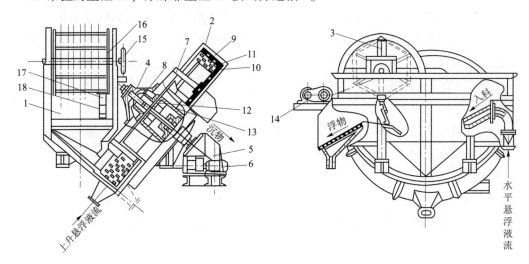

1—分选槽；2—提升轮；3—排煤轮；4—提升轮轴；5—圆柱圆锥齿轮减速器；
6—电动机；7—提升轮骨架；8—转轮盖；9—立式筛板；10—筛底；11—叶板；
12—支座；13—轴承座；14—电动机；15—链轮；16—骨架；17—胶带；18—重锤

图 4-14　斜轮重介分选机

在给料端下部位于分选带的高度引入水平流，在分选槽的下部引入上升流。水平和上升流补充分选槽内的悬浮液，使悬浮液密度均匀并运输浮煤。原料煤进入斜轮重介质分选机后，按密度分为浮物和沉物两部分。浮物被水平流运送至溢流堰，由排煤轮刮出，经条缝式固定筛初步脱介后进入下一个脱介作业。沉物沉到分选槽底部，由提升轮上的叶板提升至排料口排出。提升轮及叶板上的孔眼将沉物携带的悬浮液脱出。

斜轮重介质分选机的可能偏差 E_p 可达 0.02～0.03；分选粒度上限可达 1 000 mm，下限可达 6 mm；悬浮液循环量为 0.7～1.0 $m^3/t \cdot h$（按入料量计）；悬浮液比较稳定，加重质粒度 -325 目占 50% 左右即可达到细度要求。斜轮重介质分选机是目前我国用得较多的重介质分选机。

3）立轮重介质分选机

立轮重介质分选机的工作原理与斜轮重介质分选机基本相同，所不同的是提升轮垂直安置在分选槽内。它与斜轮重介质分选机相比，具有结构紧凑、占地面积小、质量小、传动机构简单、提升轮的磨损较轻等优点。

目前，国内外应用的立轮重介质分选机的类型较多，其主要部件提升轮和分选槽的结构大体相同，但提升轮的传动方式不同，如德国太司卡立轮重介质分选机采用周边链条传动；波兰迪萨（DISA）型立轮重介质分选机采用悬挂式皮带传动；我国 JL 型立轮重介质分选机采用棒齿圈传动；法国德鲁鲍依立轮重介质分选机采用中心传动。

（1）太司卡立轮重介质分选机。

太司卡立轮重介质分选机用于分选 5~250 mm 原煤，最大槽宽为 4.5 m，配直径为 6.5 m、宽 1.5 m 的提升轮，排矸能力为 430 t/h，精煤生产能力达到 1 000 t/h，如图 4-15 所示。

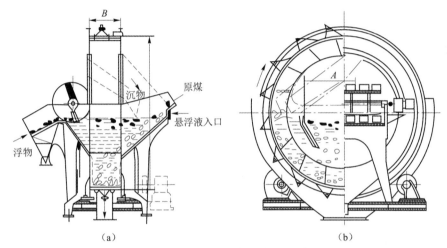

图 4-15　太司卡立轮重介质分选机

入选原煤从分选机的给料端给入，而悬浮液则从给料槽的下方导入，一部分随精煤排出，一部分穿过提升轮从分选槽底排出，因此在分选槽形成水平流和下降流。精煤随水平流飘移至溢流堰附近被排料轮刮出，沉物则下沉到分选槽的底部，由提升轮上的捞斗收集提升至顶部经沉物排放溜槽排出机外。该设备的提升轮由 4 个托轮支撑，它由链轮传动。提升轮的外壳有两层，内层是帘板，分成许多间隔，用于提升沉物和脱介。外层则设有若干个大小可调节的悬浮液排放口，从底部排出约为总循环量 20% 的介质，形成下降流。分选槽与提升轮之间有密封装置，但允许小量介质流出，一并返回合格介质桶。

该设备的主要优点是：提升轮的链传动结构和托轮都在分选槽外，不与悬浮液接触，可减轻磨损，提高运行的可靠性；分选槽采用下降流方式，可保持悬浮液的密度稳定，因此可使用较粗的磁铁矿粉，有利于降低介耗。

该设备的缺点是：介质循环量较大，约为 1.2 m³/t（煤）；提升轮高度大，厂房要求高度大，分选槽与提升轮间密封装置的橡胶块磨损严重，需 1~2 年更换一次。

（2）三产品太司卡立轮重介质分选机。

三产品太司卡立轮重介质分选机是在两产品太司卡立轮重介质分选机的基础上研发的，如图4-16所示，三产品太司卡立轮重介质分选机的应用可简化重介质分选工艺。

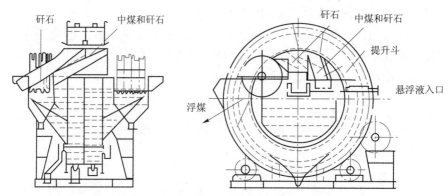

图4-16 三产品太司卡立轮重介质分选机

该设备有两个并列的分选槽，第一个槽略宽于第二个，分别给入低密度和高密度的悬浮液。第一个低密度分选槽的浮物是精煤，用刮板刮出，它的沉物（中煤和矸石）由提升轮提起，经溜槽给入第二个高密度的分选槽再选，这个槽的浮物为中煤，用刮板刮出，这个槽的沉物为矸石，由第二个提升轮提起并排出。

（3）JL型立轮重介质分选机。

JL型立轮重介质分选机是我国自行设计制造的。图4-17所示是JL型立轮重介质分选机的结构示意。分选槽1用钢板焊接而成，相对于排矸轮2，分选槽1基本上是独立的，只是底部与排矸轮2相通，故重介质受排矸轮2的干扰较小。分选槽1入料端倾角为50°，出料端的倾角为44°。排矸轮2由两套托轮装置9支撑，排矸轮2周边两侧装有棒齿圈3，传动装置带动拨动轮，拨动轮再拨动棒齿使排矸轮2旋转，悬浮液经管道水平给入分选槽1。原煤从入料端进入，浮煤经排煤轮5的刮板从溢流口排出。沉物由分选槽1底部经排矸轮2提起，并从矸石溜槽7排出。

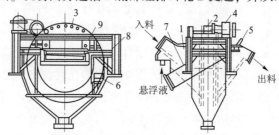

1—分选槽；2—排矸轮；3—棒齿圈；4—排矸轮传动系统；5—排煤轮；6—排煤轮传动系统；
7—矸石溜槽；8—机架；9—托轮装置

图4-17 JL型立轮重介质分选机的结构示意

(4) 迪萨型立轮重介质分选机。

迪萨型立轮重介质分选机是波兰选煤设计院设计的，其主要特点是排矸轮采用了环形平皮带摩擦传动。波兰生产的迪萨-1S型（见图4-18）和迪萨-2S型为两产品分选机。迪萨-1S型为侧面排矸式，迪萨-2S型为中间排矸式，迪萨-3S型为三产品分选机（见图4-19）。

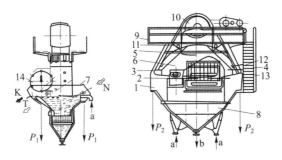

N—入料；K—浮物；T—沉物；a—悬浮液入口；b—悬浮液排放口；
1—分选槽；2—分选槽侧部；3—承重结构；4—提升轮；5—支撑中心线；6—排矸溜槽；
7—入料口盖板；8—分选槽底部；9—操作平台；10—提升轮传动装置；11—定位辊；
12—导向辊；13—传动皮带；14—浮物刮板；P_1、P_2—作用在横向及纵向支撑梁上的重力

图4-18 迪萨-1S型立轮重介质分选机

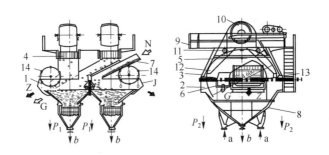

N—入料；J—精煤；Z—中煤；G—矸石；
a—悬浮液入口；b—悬浮液排放口；1—分选槽；2—分选槽侧部；3—承重结构；
4—提升轮；5—支撑中心线；6—沉物排放溜槽；7—入料槽；8—分选槽底部；
9—操作平台；10—提升轮传动装置；11—定位辊；12—导向辊；13—传动皮带；
14—浮物刮板；P_1、P_2—作用在横向及纵向支撑梁上的重力

图4-19 迪萨-3S型立轮重介质分选机

三产品分选机是由两台两产品分选机组成的，两种不同密度的悬浮液分别给入分选槽。原煤给入第一段分选槽的中部按低密度进行分选，得出最终精煤。中煤和矸石由排矸轮给入第二段分选槽再选。

迪萨-S型分选机的入料粒度为10~250 mm,每米槽宽的处理量为70 t/h,悬浮液密度为1 400~1 800 kg/m³。

迪萨-S型分选机的优点是占地面积小、布置紧凑、制造容易,其缺点是传动胶带易被拉长,不能保证排矸轮与分选槽之间的间隙,以致造成往下槽体漏矸石,使胶带磨损。

2. 重介质旋流器

重介质旋流器是一种结构简单、无运动部件的选煤设备。根据机体形状可分为圆锥形和圆筒形重介质旋流器;根据给料压力可分为有压给料和无压给料重介质旋流器;根据产品数量可分为两产品和三产品重介质旋流器。

1)两产品重介质旋流器

两产品重介质旋流器按其原料煤给入方式分为有压(切线)给煤式和无压(中心)给煤式两种。前一种为圆锥形重介质旋流器,后一种为圆筒形重介质旋流器。

(1)圆锥形重介质旋流器。

国内外广泛使用圆锥形重介质旋流器,其结构如图4-20所示。

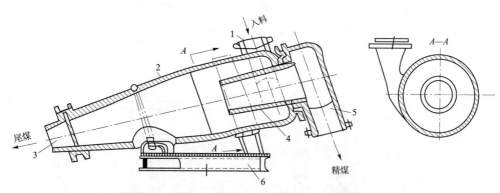

1—入料管;2—锥体;3—底流口;4—溢流管;5—溢流室;6—机架

图4-20 圆锥形重介质旋流器的结构

物料与悬浮液混合,以一定压力从入料管沿切线方向给入旋流器圆筒部分,由于离心力的作用,高密度物料移向锥体内壁,并随部分悬浮液向下做螺旋运动,最后从底流口排出;低密度物料集中在锥体中心,随内螺旋上升,经溢流管进溢流室排出。溢流先进入溢流室,然后沿切线方向排出,可以减少对圆锥形重介质旋流器不利的反压力。

圆锥形重介质旋流器内流体的切线速度很大(4.4 m/s以上),对部件磨损严重。为了提高设备的使用寿命,可用合金钢等耐磨材料整体铸造,也可以采用耐磨材料作衬里(如铸石等),但衬里要求光滑,无凹凸和台阶,以免破坏液体的正常流态。

(2) 圆筒形重介质旋流器。

圆筒形重介质旋流器属于无压给料重介质旋流器，其结构如图 4-21 所示。分选物料与悬浮液分开给入，入料无压、自重给入上部中心入料管（在给料箱内也加入少量悬浮液）；悬浮液用泵以 0.06~0.15 MPa 的压力沿切线方向压入圆筒下部。沿切线方向压入的悬浮液从底至顶造成一股上升的空心旋涡流。矸石与一部分高密度悬浮液（起浓缩作用）沿筒壁上升，从矸石排出口排出。精煤与低密度悬浮液聚集在旋涡中心向下流动，通过下部排出口排出。

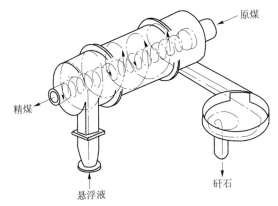

图 4-21　圆筒形重介质旋流器的结构

圆筒形重介质旋流器的优点是，物料与悬浮液分开给入，有利于悬浮液密度的测定和调整；物料与悬浮液之间接触时间短，粉碎程度低；各部件磨损小，使用寿命长。其缺点是分选精度差。

2) 三产品重介质旋流器

三产品重介质旋流器是由两台两产品重介质旋流器串联组装而成的。第一段为主选，采用低密度悬浮液进行分选，选出精煤和再选入料，同时由于悬浮液浓缩的结果，为第二段准备了高密度悬浮液。第二段为再选，分选出中煤和矸石两种产品。

(1) 有压给料三产品重介质旋流器。

如图 4-22 所示，第一段重介质旋流器为圆筒形，第二段重介质旋流器为圆锥形。

有压给料三产品重介质旋流器的分选原理与常用的有压给料两产品重介质旋流器基本相同，即在第一段重介质旋流器内，利用离心力使原料煤不仅得到有效分选，产出质量合格的精煤，而且对低密度悬浮液进行浓缩，提高进入第二段重介质旋流器的悬浮液密度，以便对随同进入第二段重介质旋流器的重产物进行再选，选出最终中煤和矸石两种产品，这样就可使用一种低密度悬浮液，同时分选出精煤、中煤和矸石 3 种合格产品。

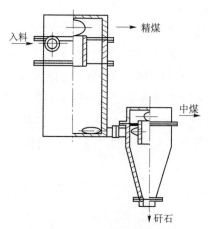

图 4-22 有压给料三产品重介质旋流器的结构

(2) 无压给料三产品重介质旋流器。

如图 4-23 所示，无压给料三产品重介质旋流器的第一段重介质旋流器为圆筒形，第二段重介质旋流器为圆筒形或圆筒圆锥形。第二段重介质旋流器的物料分选过程和有压给料三产品重介质旋流器的第一段重介质旋流器相同。第一段重介质旋流器底流口排出的中煤和矸石混合物，经连接管进入第二段重介质旋流器后，即由器壁往中心分层。中煤由靠近入料口的中心管排出；矸石在外螺旋流的推动下经另一端的切线口排出。第二段重介质旋流器内循环料层的物料过多时，则将阻碍细粒中煤进入内螺旋流而损失于矸石中。但对于大多数原料煤而言，高密度分选时的邻近分选密度物不多，不致造成过厚的循环料层。

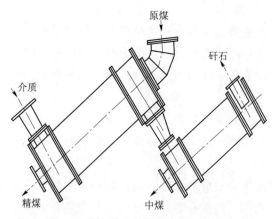

图 4-23 无压给料三产品重介质旋流器的结构

从分选原理来分析，为从结构上减轻悬浮液的浓缩程度，增加密度场的均匀性有利于提高分选效果，因此无压给料三产品重介质旋流器的两段均设计成圆筒形。由于圆筒圆锥形重介质旋流器底流和溢流悬浮液密度的差值大，可以形成较高的分选密度，因此当要求选出较高灰分的中煤时，第二段重介质旋流器则采用圆筒圆锥形。

一台三产品重介质旋流器代替两台两产品重介质旋流器，其优点是可以省掉一个悬浮液循环系统和再选物料的运输；减少厂房空间，方便生产管理。但是，第二段重介质旋流器的悬浮液是由第一段重介质旋流器浓缩而来，所以第二段重介质旋流器的分选密度除与第一段重介质旋流器的分选密度有关外，还与第二段重介质旋流器底流口直径有关。因此，在正常情况下只改变入料悬浮液的密度和第二段底流口直径两个参数，即可达到所需分选密度的调整范围（第一段为 1.35～1.65 kg/L，第二段为 1.8～2.2 kg/L）。

随着新技术的不断研发，又出现了双（多）供介无压三产品重介质旋流器，它采用双（多）供介口供介，多个供介口沿器壁切线布置，液流方向一致，切线速度叠加，动力消耗变少。它与单供介无压三产品重介质旋流器相比，具有物料分选速度更快、分选精度更高、设备处理量更大的特点，能耗降低30%左右，工艺参数调节起来更方便，更容易获得理想的分选效果。

知识 4.6　重介质悬浮液

一、加重质的选择

重介质选煤所用的重悬浮液是细磨的高密度固体微粒与水的混合物，高密度固体微粒起加大介质密度的作用，所以叫加重质。

选择加重质时，首先应注意其粒度和密度的综合要求，既要达到重悬浮液的分选密度及重悬浮液的稳定性，又要保证较好的流动性。其次，要无毒、无腐蚀性、不污染精煤、价廉、来源广、易回收。

重介质选煤所用的加重质有砂、硅铁、磁铁矿等，选煤生产中用得最多的是磁铁矿，因磁铁矿具有强磁性，可用磁选法回收加以循环利用。

为了配制均匀稳定的悬浮液，磁铁矿粉必须磨得很细，细小的磁铁矿颗粒均匀地分散在水中，对于尺寸较大的煤块来说，就像受到了均匀介质的浮力一样，使其得以沉浮。以磁铁矿粉作加重质的分选设备，对其粒度组成有特定要求。依据国内现有的设备及磁铁矿粉生产基地的情况，磁铁矿粉分成4级，细粒及特细粒级的磁铁矿粉适用于悬浮液密度为 1 300～1 700 kg/m^3 和大于 1 300 kg/m^3 的末煤重介质旋流器；粗粒及特粗粒级的磁铁矿粉适用于悬浮液密度为 1 300～1 900 kg/m^3 和大于 1 900 kg/m^3 的块煤重介质分选机。

二、悬浮液的性质

1. 悬浮液密度和容积浓度

单位体积悬浮液内加重质与水的质量之和为悬浮液密度。

$$\rho = \Delta + \lambda(\delta - \Delta) \qquad (4-7)$$

式中　ρ——悬浮液密度，g/cm^3；

　　　Δ——水的密度，g/cm^3；

　　　δ——加重质密度，g/cm^3；

　　　λ——悬浮液中固体的容积浓度。

容积浓度表示悬浮液中的体积含量，一般为15%~35%，配制的悬浮液密度高时，容积浓度也高，悬浮液失去流动性；配制的悬浮液密度低时，又会造成加重质迅速下沉，使悬浮液不稳定。

配制悬浮液时，磁铁矿用量可以近似用下式计算：

$$G = \frac{V\delta(\rho - \Delta)}{\delta - \Delta} \qquad (4-8)$$

式中　G——磁铁矿用量，kg；

　　　V——悬浮液体积，m^3；

　　　ρ——悬浮液密度，kg/m^3；

　　　Δ——水的密度，kg/m^3；

　　　δ——磁铁矿密度，kg/m^3。

当补加磁铁矿时，式中的 Δ 值为"当时的"悬浮液密度。

在重介质分选机中，悬浮液密度受到悬浮液上、下流动的影响。液流上升时，实际分选密度略高于配制的悬浮液密度；液流下降时，实际分选密度略低于配制的悬浮液密度，差值为 10~100 kg/m^3。当用重介质旋流器分选时，实际分选密度约比悬浮液密度高 10~200 kg/m^3，生产中用密度计或浓度壶测定悬浮液密度。

2. 悬浮液的稳定性

悬浮液的稳定性是指悬浮液在重介质分选机中各点的密度在一定时间内保持均匀一致的能力，稳定性好，悬浮液在重介质分选机内不产生明显的分层（即上、中、下层密度差小）。

悬浮液的稳定性与加重质的粒度、悬浮液的固体浓度、液流方向、流速、排料机构搅动等因素有关，块煤分选机悬浮液的稳定性要求在分选区内上、下层的密度差小于 0.2 g/cm^3，通常靠上升或下降液流来达到。重介质旋流器悬浮液的稳定性要求底流悬浮液密度与溢流悬浮液密度的差值为 0.3~0.5 g/cm^3。

为了保持悬浮液稳定而不影响分选效果，常用的方法是在悬浮液中保持适量的煤泥。悬浮液密度小于 1.7 g/cm³ 时，煤泥含量为 35% ~ 45%；悬浮液密度大于 1.7 g/cm³ 时，煤泥含量为 15% ~ 30%。此外，排矸装置的缓慢运动、悬浮液处于流动状态，也能增加分选槽内悬浮液的稳定性。

3. 悬浮液的黏度

悬浮液流动时阻碍流层间运动的性质，称为黏滞性，衡量黏滞性大小的量称为黏度。悬浮液的黏度越大，物料在悬浮液中运动时所受的阻力就越大，物料分层的速度越慢。对于细粒物料在重力场中分选时，黏度的影响更为显著，黏度过大，将使分选过程无法进行。根据试验，当悬浮液中固体的容积浓度超过 35% 时，悬浮液的黏度会显著上升。

影响悬浮液的黏度和稳定性的主要因素，是磁铁矿的粒度组成、悬浮液的容积浓度和煤泥含量。实践表明，磁铁矿粒度越小，形状越不规则，容积浓度越高，煤泥含量越多，悬浮液的稳定性越好，但黏度也相应提高，生产中要求黏度适中且稳定性高。

三、悬浮液的制备

外购的磁铁矿粉运至重介质库后，加水配成一定密度的悬浮液，用风力提升器输送到合格介质桶内，每班加一次时，加入量等于全班的介耗量。在选煤厂中用浓介质桶循环控制合格悬浮液密度时，也可直接输送到浓介桶内。

四、悬浮液的回收净化

悬浮液的回收净化主要包括从产品上脱除悬浮液，从稀悬浮液中回收加重质，把回收的加重质再配制成预定分选密度的悬浮液，供补加之用，不断清除稀悬浮液中的煤泥和黏土，制备新加重质以弥补损失的加重质等。

1. 悬浮液回收净化系统

采用磁性加重质时，常用的悬浮液回收净化系统如图 4-24 所示。重介质分选机分选后，产品和悬浮液混合进入脱介筛（为了增加脱介能力，在进入脱介筛前一般用固定筛或弧形筛作预先脱介）。脱介筛第一段用来脱除产品中的悬浮液，约脱除所带悬浮液的 70% ~ 90%。该段脱除的为合格介质，直接返回合格介质桶循环使用。第二段加喷水冲洗黏附于产品表面及残存于物料间的加重质和煤泥，喷水量与产品的粒度大小有关。第二段筛下排出的悬浮液，因加入大量喷水，浓度很低，不能直接复用，必须浓缩净化。

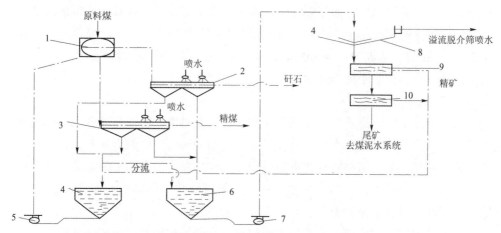

1—重介质分选机;2—重产品脱介筛;3—轻产品脱介筛;4—合格介质桶;5—合格介质泵;
6—稀介质桶;7—稀介质泵;8—浓缩机;9—段磁选机;10—二段磁选机

图 4-24 悬浮液回收净化系统

稀介质浓缩净化一般使用浓缩机(也可用磁力脱水槽或低压旋流器)。浓缩机溢流可作为脱介筛喷水,底流进入两段磁选机磁选,磁选效率可达 90% 以上,磁选后的精矿进入合格介质桶循环使用。

为了增加合格悬浮液的密度或降低合格悬浮液中的煤泥量,将一部分浓悬浮液通过变流设备分流到稀悬浮液系统,经磁选机净化和浓缩后,再返回合格介质桶。这部分浓悬浮液称为分流。它的大小可以由自动控制系统根据需要调整。应当注意,分流量越大,磁铁矿损失也越大,因此不应随意增加或减少分流量。这种悬浮液回收净化流程比较简单,但细粒磁铁矿容易损失,常用于块煤分选的悬浮液回收净化。

另一种悬浮液回收净化流程是稀悬浮液先在低压旋流器内分级,底流(粗磁铁矿和粗煤泥)进磁选机,溢流进浓缩机,浓缩机底流入合格介质桶,溢流作喷水。该流程较为复杂,但能够回收细粒磁铁矿和细煤泥,适用于末煤重介流程。

2. 悬浮液回收净化的主要设备

1) 磁选机

磁选机是回收稀悬浮液中磁铁矿粉的设备。国内外磁选机的种类很多,重介质分选系统中使用的磁选机大多是圆筒磁选机,其槽体结构有顺流式(给矿方向与圆筒旋转方向一致)、逆流式(给矿方向与圆筒旋转方向相反)和半逆流式(尾矿移动方向与圆筒旋转方向相反,但精矿排出方向与圆筒旋转方向相同)。目前,永磁逆流式圆筒磁选机用得最多。

图 4-25 所示为永磁逆流式磁选机示意,该机由两台单机串联组成。圆筒内装有五极永磁铁(即磁块)构成磁系,磁系包角为 128°。磁系不动,圆筒以 20 r/min 的速度逆矿浆流动方向旋转,稀介质由入料口进入分选槽,磁场内

吸力使磁铁矿被吸在圆筒表面,并随着圆筒一起旋转到 A 点离开磁场。由不磁化的不锈钢板制成的圆筒没有剩磁,所以磁铁矿到 A 处就靠重力落入精矿槽,煤泥和水从分选槽的另一头 B 处溢流入尾矿槽。一段磁选尾矿进入二段再选,以提高磁铁矿的回收率。

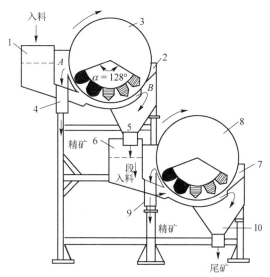

1,6—入料口;2,7—分选槽;3,8—磁选机滚筒;4,9—精矿槽;5,10—尾矿槽

图 4-25 永磁逆流式磁选机示意

磁选机对磁性物的回收率为

$$\varepsilon = \frac{\beta_\mathrm{J}(\beta_\mathrm{y}-\beta_\mathrm{W})}{\beta_\mathrm{y}(\beta_\mathrm{J}-\beta_\mathrm{W})} \quad (4-9)$$

式中 β_y、β_J、β_W——分别为入料、精矿、尾矿固体中的磁性物含量。

2) 介质桶

介质桶是为了储存和缓冲悬浮液而设置的设备,桶体下部锥角为 60°,以防止磁铁矿沉淀后不易处理。开机时用 0.6~0.8 MPa 的压缩空气搅拌,正常生产中靠悬浮液自身循环压力稳定。同时,要求介质桶有足够的容积,停机后能容纳重介质分选机和管道中的回流悬浮液。

3. 降低介质消耗

磁铁矿消耗量是重介质选煤的技术经济指标之一,它不仅关系到生产系统的稳定,而且影响全厂的经济效益。由重介质产品和磁选尾矿带走的磁铁矿之和,折合成每吨入选原料的损失量,称为磁铁矿的技术损失,由运输转载和添加方式不佳、管理不善所造成的损失称为管理损失,二者之和为实际损失。

在重介质选煤过程中,入选 1 吨原煤的磁铁矿的技术损失宜控制在:块煤系统为 0.2~0.3 kg,末煤系统为 0.5~1.0 kg。为降低介质消耗,应采取下列措施。

1）改善脱介筛的工作效果

采用高效脱介筛,加强喷水。目前选煤厂大都采用直线振动筛进行脱介,喷水方式有旋流式、水幕式、带孔水管等,喷水压力应不小于 0.08 MPa。

2）提高磁铁矿回收率

磁选机的工作状态对磁铁矿的回收率和损失影响极大。因此,磁选机效率应在 98% 以上,一般采用串联工作方式,即第一段磁选机的尾矿进入第二段磁选机再选,以提高磁性物的回收率。

3）保持各设备液位平衡,防止堵、漏事故

各设备出现液位平衡失调和堵、漏等事故,会损失大量磁铁矿,因此要做到设备、管道、溜槽"三不漏",流失介质要尽量汇集回收。

4）严格控制从重介质系统外排煤泥水

除磁选尾矿水外,其他煤泥水一律不应向厂外排放,要控制好浓缩设备,溢流全部作脱介筛喷水,冲洗地板或设备滴水都应回收。

5）保持稀悬浮液质量稳定

要尽量减少悬浮液循环量,减少原煤带水量,提高原料脱泥效率,以减少分流量和进入稀介质的磁铁矿量。同时,应避免突然增加磁选机入料浓度,降低磁铁矿回收率,造成磁铁矿损失增大。

6）保证磁铁矿粉的粒度要求

磁铁矿粉应根据分选工艺和重介质分选机的要求制备。如果磁铁矿粉粒度过大,由于稳定性的要求,要增大煤泥的含量,这就导致脱介筛和磁选机效率降低,磁铁矿损失显著增加。通常浅槽重介质分选机要求磁铁矿粉中小于 0.074 mm（小于 200 网目）颗粒的含量应在 80% 以上；重介质旋流器要求小于 0.044 mm（小于 325 网目）颗粒的含量应在 90% 以上。如粒度达不到要求,则应增加磨矿环节。

7）加强磁铁矿粉管理

应当设置磁铁矿粉储存库,防止泼散流失。运输和添加方法要适当,以减少损失。

8）采用稀介质直接磁选

有条件时,可采用稀介质直接磁选。

知识 4.7　浮选作业

一、浮游选煤

浮游选煤是细粒煤泥分选的有效方法,同时也是使生产用水中固体物全部厂内回收而实现生产用水闭路循环，以防止造成环境污染的重要环节。

浮游选煤的目的是将煤泥中的优质成分分选出来以提高煤炭的回收率。选煤厂中煤泥的来源有入选原煤中所含的原生煤泥，还有在加工过程中粉碎作用所产生的次生煤泥。

为了使浮游选煤达到优质、高产、高效、低消耗的目标，要了解浮游选煤的基本原理。本节主要介绍煤和矸石颗粒分选的依据、分选的基本过程以及浮游选煤的性质等。

浮游选煤包括泡沫浮选、油浮选、球团浮选等，而实际生产中常使用泡沫浮选分选细粒物料，所以浮游选煤通常是指煤泥的泡沫浮选。

二、浮游选煤的基本原理

浮游选煤是根据精煤与矸石颗粒表面润湿性的差异来进行的。为说明这一点，先做一个实验。取石蜡和玻璃各一片，将它们的平面擦净，然后分别把一滴水轻轻滴在石蜡和玻璃的平面上。经过 2~3 min 后，可以看出，石蜡平面上的水滴几乎呈球形，水滴和石蜡的接触面积基本上保持不变。而滴在玻璃平面上的水滴能很快在玻璃平面上展开，具有较大的接触面积。同样，如果把水滴在煤的表面，情形就类似石蜡；把水滴在矸石表面，情形就类似玻璃，如图 4-26 所示。

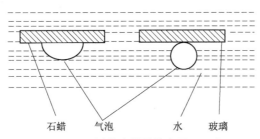

图 4-26　浮游选煤的基本原理示意

由这一实验可以看出，水滴在玻璃和矸石的表面能迅速展开，而滴在石蜡和煤的表面就不能展开。这种水滴在物质表面上展开与不展开的现象称为被水润湿与不润湿现象。被水润湿的表面称为亲水性表面，不被水润湿的表面称为疏水性表面。在各种矿物中，存在着被水润湿程度的差异。就以上几种矿物来说，煤与石蜡相似，表面不易被水润湿，称为疏水性矿物；矸石和玻璃相似，表面易被水润湿，称为亲水性矿物。

如果将石蜡和玻璃或煤和矸石悬置于水中，用带有弯曲针头的注射器向它们的下表面分别注入一个气泡，就会发现，当气泡与疏水性的石蜡或煤的表面接触时，气泡能很快附着在它们的表面。原来的固、液相界面被固、气相界面代替而形成固、液、气三相周边。而气泡与亲水性的玻璃或矸石表面接触时，气泡很难附着到它们的表面或附着后呈球状而不能展开，很难形成固、液、气三相周边。

这些现象说明了不同的矿物表面性质不同，各种矿物表面对水和气泡存在亲疏程度的差异。也就是说，不同矿物的表面润湿性有差异，而浮游选煤就是利用矿物的表面性质即润湿性的差异来实现的。

三、浮选药剂

浮游选煤是基于煤和矸石颗粒表面物理化学性质的差异而实现的分选过程。很显然，煤和矸石颗粒间的可浮性差别越大，分选越精确，效果越好。在浮游选煤过程中使用药剂的目的之一就是扩大煤和矸石颗粒间可浮性的差异。矿浆中的气泡是"引渡"和"运载"煤粒的工具，是浮游选煤过程中不可缺少的媒介。但是，在未加药剂的矿浆中是不能产生具有一定稳定性、大小适当、适应浮游选煤要求的气泡的。产生稳定性合适和足够散度的气泡除了取决于浮选设备的充气搅拌性能外，还取决于在矿浆中使用适当的药剂。这是在浮游选煤过程中采用药剂的另一个目的。生产实践证明，采用浮选药剂是改善和强化浮游选煤过程的重要手段。由于使用了适宜的药剂和采用了相应的药剂制度，使多种牌号的煤泥得到了有效浮选，并能够使浮选粒度上限适当提高。

按照药剂在浮游选煤过程中的作用，可将浮选药剂划分为3类：

（1）捕收剂，可提高固体颗粒表面的疏水性，使其易于向气泡附着；

（2）起泡剂，在浮游选煤过程中用以控制气泡大小，维持气泡的稳定性；

（3）调整剂，调节药剂与矿物表面之间的作用，调整矿浆的性质，提高浮游选煤过程的选择性。

四、浮选设备

浮游选煤的任务是使矿浆中低灰分的煤粒与高灰分的矸石颗粒以及杂质颗粒分离。这一工艺过程必须通过浮选设备来实现，因为浮选设备能使矿浆得以充气、搅拌，造成气、液、固三相互相作用的条件，使经过药剂作用的固体颗粒能选择性地、较迅速地吸附在气泡上，从而得到不同的产物。因此，浮选设备是实现浮游选煤过程的必要设备，浮游选煤效果的好坏在很大程度上取决于浮选设备结构的完善程度。

浮选机按照充气方式不同可分为以下3类：

（1）机械搅拌式浮选机。其主要靠叶轮的高速旋转完成空气的吸入和分散，如XJM-4型机械搅拌式浮选机。

（2）无搅拌器式浮选机。其充气方式是直接把压缩空气导入矿浆中，如浮选柱或者利用高速矿浆流的作用将空气裹到浮选槽中，如喷射浮选机。

(3) 混合式浮选机。其除了靠叶轮旋转吸气外，还同时压入补充空气，如 JF-16 型浮选机。此外，根据槽体结构的不同，其可分为深槽型和浅槽型浮选机。按给料方式的不同，其可分为直流式和吸入式浮选机。按泡沫排出方式的不同，其可分为刮板刮泡式和自流式浮选机。

1. XJM-4 型机械搅拌式浮选机

现将 XJM-4 型机械搅拌式浮选机简要介绍如下。

1）结构

XJM-4 型机械搅拌式浮选机一般有 6 个浮选室，每个浮选室由电动机、箱体、矿浆液面调整机构、放矿机构和尾矿槽等组成。XJM-4 型机械搅拌式浮选机的结构示意如图 4-27 所示。

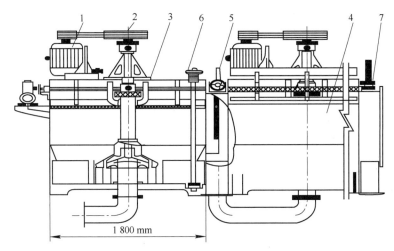

1—电动机；2—充气搅拌机构；3—刮泡机构；4—槽体；5—矿浆液面调整机构；
6—放矿机构；7—尾矿槽

图 4-27 XJM-4 型机械搅拌式浮选机的结构示意

（1）充气搅拌机构。

充气搅拌机构是 XJM-4 型机械搅拌式浮选机的核心。它的结构形式决定着矿浆的充气、吸浆、搅拌混合、气体的弥散和气泡的矿化等作用，对浮选机的性能影响很大，各种形式浮选机的主要区别通常体现于此。

XJM-4 型机械搅拌式浮选机的充气搅拌机构示意如图 4-28 所示。它由转动部分和固定部分组成，并用 4 个螺栓固定在浮选槽的两根角钢上。固定部分由定子、套筒和轴承座等组成，套筒上装有左右对称的两根进气管，管端设有调节阀用以调节浮选槽的充气量。在轴承座和套筒之间设有调整垫，可以用来调整叶轮和定子间的轴向间隙。直径为 750 mm 的伞形定子与套筒用螺钉连接在一起，套装在叶轮的外部。定子的圆柱面和圆锥面上分别有 6 个直径为 65 mm 和 16 个直径为 25 mm 的煤浆循环孔，以增加煤浆与气泡的接触机会。定子伞面下设有

16块与径向成60°角的导向叶片,起导流作用,使从叶轮区排出的液流平稳、流畅地逐渐扩散出去,减少了水力损失。转动部分由伞形叶轮定子、空气轴和V带轮等组成,空气轴上端面装有调节装置,可根据需要安装具有不同直径圆孔的端板来改变空心轴进气端面面积,以此控制从空心轴进入叶轮定子组的空气量。叶轮是直径为50 mm的三层伞形叶轮。第一层和第三层之间靠近叶轮的外端,由弧形叶片隔开的空间为混合室,从吸浆口吸入的矿浆与从中空轴吸入的空气在此相遇而混合。叶轮和定子的结构示意如图4-29所示,由于叶轮上、下两个锥面的锥角不同,上、下锥面叶片甩出的循环煤浆和新鲜煤浆与中层叶轮甩出的空气交叉相遇而混合,增加了接触机会,强化了矿化过程。

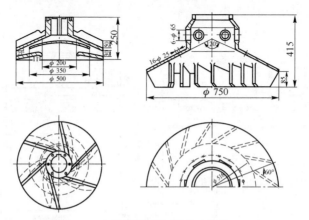

图4-28 充气搅拌机构示意（单位：mm）

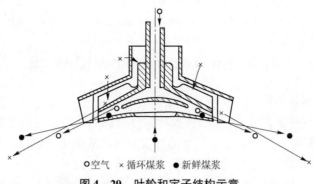

○空气 ×循环煤浆 ●新鲜煤浆

图4-29 叶轮和定子结构示意

(2) 槽体。

XJM-4型机械搅拌式浮选机的槽体,下部为1 800 mm×1 800 mm的方形槽,从650 mm以上向两侧扩展到1 800 mm×2 690 mm,形成一扩散区。这里用隔板分成泡沫区和静止区,静止区有利于二次富集作用的充分进行,使泡沫夹带的矸石颗粒随泡沫中的水流返回浮选室,提高了泡沫产品的质量。槽体底部四周设有2 mm厚的衬板，使槽体耐磨。槽体四角焊有三角形筋板以加固槽体，同时避免煤泥在四角沉淀堆积。槽体最低部有吸浆管，用以吸入煤浆。在槽体底部焊有16块高为300 mm带孔的弯曲导向板，它们与定子周边的16块导向叶片相对应，其作用是进一步降低从叶轮甩出的煤浆的速度，并改变其运动方向，在槽体底部形成许多小涡流，以保持煤粒呈悬浮状态，增加煤粒与气泡接触的机会。

（3）刮泡机构。

XJM-4型机械搅拌式浮选机的矿化泡沫层聚集面积大，为了提高刮泡效果，保证泡沫及时刮出，采用四板回转式刮泡机构进行双边刮泡。为了减弱上升气泡对副泡质量的影响，又在刮板工作带的内侧设一隔板，以形成静止刮泡区。转动部分采用蜗轮减速器和链传动，稳妥可靠。每槽设一节刮板，用链式联轴器连接，拆装方便。支承采用含油轴承，以减少磨损和加油次数。

（4）矿浆液面调整机构。

XJM-4型机械搅拌式浮选机的矿浆液面调整机构采用闸门调节，操作灵活。在使用过程中要经常加油维护，以免被煤泥糊住或锈死。

（5）放矿机构。

XJM-4型机械搅拌式浮选机的放矿机构为塞子式机构，结构简单，操作方便，煤浆既能放尽又无渗漏。

2）工作原理。

XJM-4型机械搅拌式浮选机运行时，由电动机经V带牵动空心轴使叶轮作高速旋转，在叶轮中心区产生负压，进行吸浆、吸气和煤浆的内部循环。从空心轴吸入的空气到吸气室，从吸浆管吸进的煤浆到吸浆室，在叶轮的作用下，它们在混合室混合。从套筒吸入的空气和通过大、小循环孔吸入的循环煤浆在循环室混合。这两股煤浆分别沿叶轮下、上两层，沿各自的锥面，在离心力的作用下，通过定子的导向叶片抛射出去，使混合更强烈，促使气泡粉碎，加快煤粒和气泡的接触。两股煤浆在未到槽底前就互相碰撞，继而撞击槽底使气泡进一步粉碎，再沿导向板向槽底边缘运动，均匀分散，然后折向分选区。这样，在搅拌、抛射和上升的过程中完成矿化作用。矿化气泡在上升的过程中携带煤粒实现煤与矸石颗粒分离，气泡上升至矿浆液面形成泡沫层。在刮泡作用下，矿化泡沫向静止区运动，在此运动过程中，高灰分颗粒可进一步从气泡上脱落，随泡沫层中的水流返回浮选室的矿浆中，起到二次富集的作用。静止区的泡沫被副板刮出成为泡沫产品，未经充分分选的矿浆进入下一室继续分选，最后作为尾矿排出。

2. XPM-4型喷射浮选机

喷射浮选机和机械搅拌式浮选机的主要区别在于矿浆实现充分搅拌的方式不

同。喷射浮选机的煤浆充气时，通常是将煤浆以 15～25 m/s 的速度从喷嘴喷出，使混合室造成负压而吸入空气，在喷射流的夹带下进入喷射浮选机。

利用从煤浆中析出大量具有活化作用的微泡来强化浮选过程是喷射浮选机的主要特点之一。气体在水中的溶解度与压力成正比。当煤浆加压到 0.196～0.294 MPa 时，溶解在煤浆中的空气量大大增加，而当煤浆以 15～25 m/s 的速度从喷嘴喷出时，压力剧降并处于混合室的负压区内，溶解于煤浆中的空气呈过饱和状态，就以微泡形式有选择性地在疏水性的煤粒表面析出。研究证明，这种微泡是一种很好的活化剂，它能使煤粒和气泡黏着的速度大大提高，并增加煤粒与气泡附着的牢固性。

XPM-4 型喷射浮选机是我国研制成功的喷射浮选机。技术鉴定证明，该类型浮选机具有处理能力大、选择性较好、药剂消耗量低和结构简单等优点，目前已在南山、台吉等许多选煤厂使用。

现将 XPM-4 型喷射浮选机介绍如下。

XPM-4 型喷射浮选机一般由 6 个浮选槽组成，每两个分室自成一段，分别组成一、二、三段。每段配有矿浆循环泵 1 台，矿浆循环泵从各段抽取部分矿浆，再泵入相应各室的充气搅拌机构。每个槽内有呈辐射状的充气搅拌机构，为了便于调节槽深，有高度可调的泡沫溢流堰，在 XPM-4 型喷射浮选机末端设有以 CYR 型电容液面计为主的液面传感器，液面传感器发出的液面信号经比较、积分和微分调节，控制 DKJ-410 直行程电动执行机构的出轴和尾煤闸门，实现液面的自动控制。为了及时列出泡沫产品，XPM-4 型喷射浮选机设有双侧刮泡机构，为了检修还设有放矿机构。

XPM-4 型喷射浮选机的结构示意和安装系统如图 4-30、图 4-31 所示。

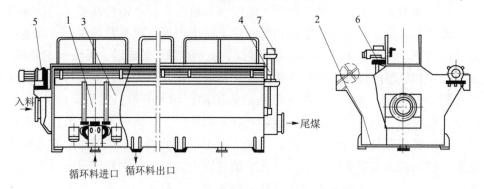

1—充气搅拌机构；2—泡沫溢流堰；3—浮选槽；4—液面传感器；
5—刮泡机构；6—放矿机构；7—电动执行机构

图 4-30　XPM-4 型喷射浮选机的结构示意

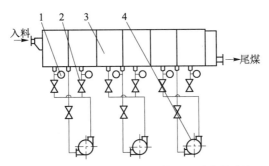

1—压力表；2—阀门；3—浮选槽；4—矿浆循环泵

图 4-31　XPM-4 型喷射浮选机安装系统图

充气搅拌机构是 XPM-4 型喷射浮选机的主要部件，其结构示意如图 4-32 所示。

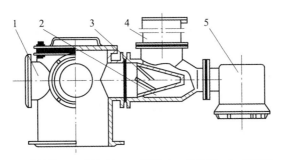

1—进料管；2—混合室；3—喷嘴；4—进气管；5—旋流器

图 4-32　XPM-4 型喷射浮选机充气搅拌机构的结构示意

XPM-4 型喷射浮选机借助于矿浆循环泵将循环煤浆加压后，给入其锥形喷嘴，并以 15~20 m/s 的速度喷出。由于喷射流的压力急剧下降，所以在混合室内造成负压，使空气经吸气管进入混合室并在喷射流的卷裹下进入旋流器。由于离心力的作用，充气煤浆呈伞状从旋流器甩出。

新鲜煤浆在搅拌桶内与药剂充分接触后直接进入浮选槽。当煤粒与旋流器甩出的气泡碰撞时，迅速附着于气泡上而完成气泡的矿化过程。矿化气泡上浮成为泡沫产品，未被矿化的煤浆一部分直流进入下一浮选槽，另一部分则进入矿浆循环泵，经过加压后再进入充气搅拌机构进行矿化。尾煤则从 XPM-4 型喷射浮选机末端排出，从而完成分选过程。

XPM-4 型喷射浮选机内空气和煤粒的运动形式如图 4-33 所示。

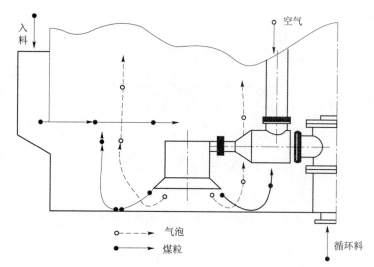

图 4-33　XPM-4 型喷射浮选机内空气和煤粒的运动形式

【技能任务】

任务 4.1　刮板输送机的操作

一、工作前的准备

按照有关规定对设备进行一般性检查，包括：
(1) 入料、排料溜槽应畅通，无损坏变形。
(2) 刮板输送机各部件完整无损，与环、链配合良好。
(3) 电动机、减速器固定螺栓紧固完好，无松动。
(4) 减速器按规定油标检查油位。
(5) 防护设施、防护罩、防护栏杆齐全完好。

二、开车

1. 集中开车

听到开车信号，站在控制按钮旁监视启动，若发现异常情况应立即按下停止按钮，将禁启按钮打到禁启位置，并汇报主控进行处理。

2. 就地开车

主控同意就地开车后，先对设备进行核对性检查，确认无影响设备正常运行的问题后再点动设备两次，最后按下启动按钮开车。

三、停车

1. 正常停车

接到停车信号，待刮板输送机内物料拉空后按下停止按钮停车并汇报主控。

2. 紧急停车

发现设备运行异常时，要立即按下停止按钮或拉动拉绳开关停车，待设备停止运转后，检查存在的问题并汇报主控处理。

四、常见故障

（1）链子拉斜原因：两条链松紧不一，头轮轴安装不正，链子磨损变形。

处理：调整松紧，调整头轮，换链。

（2）跳链原因：杂物进入头轮与链间，刮板弯曲严重，头轮磨损严重。

处理：停车排除杂物，更换坏刮板、头轮。

（3）断链原因：螺栓松动脱落，连接环磨损严重，过负荷或槽内有杂物。

处理：紧固螺栓，更换连接环，减少负荷，排除杂物。

（4）飘链原因：链过松，槽底不平整，槽底有杂物。

处理：紧链，处理槽底，排除杂物。

五、维护和保养

（1）经常检查链、连接环是否可靠，磨损超限和弯曲的刮板应及时更换；经常检查刮板链松紧是否适度。

（2）头轮、尾轮的轴瓦、油盅定时注油。

（3）经常与上、下道工序联系，以防刮板输送机压、堵，刮板机压住时应卸掉部分物料后启动，不准强行开车。

（4）运行中经常检查各部位轴承座和电动机的温度，听各部位声音，如有异常，立即停车汇报处理。

（5）检修和处理问题时必须在办理停电手续打闭锁后方可进行。未办理停电手续，严禁任何人进入和跨越刮板输送机。

六、岗位作业标准

开车之前细检查，部件完好又可靠；
听到信号再启动，密切监视很重要；
运行中要详察看，声音温度要正常；
飘链卡链要停机，断链刮帮要处理。

七、手指口述工作法

手指口述内容包括：刮板输送机部件、减速器、电动机、排料闸板、信号、操作箱。

1. 交接班手指口述

（1）各部件齐全、完整、紧固可靠，确认完毕。

（2）刮板链无弯曲变形，链环、U 形环连接紧固，无严重磨损，确认完毕。

（3）减速器无漏油，润滑正常，排料闸板灵活可靠，确认完毕。

（4）电器操作正常，禁启按钮复位，张紧装置调节正常，无飘链现象，确认完毕。

（5）设备清洁，附近无积水、无杂物，确认完毕，可以接班进行正常工作。

2. 开车手指口述

（1）各部件齐全、完整、紧固可靠，确认完毕。

（2）刮板链无弯曲变形，链环、U 形环连接紧固，无严重磨损，确认完毕。

（3）减速器无漏油，润滑正常，排料闸板灵活可靠，确认完毕。

（4）电器操作正常，张紧装置调节正常，无飘链，确认完毕。

（5）禁启按钮复位，接到开车信号，下序设备开启，可以开车，确认完毕。

3. 运行过程手指口述

（1）检查链条、马蹄环、刮板、机头、机尾、减速器、电动机运行稳定，无异常现象，确认完毕。

（2）检查润滑部位效果良好，排料闸板调节在合理位置，确认完毕。

（3）检查煤流稳定，无杂物，设备的声音、温度正常，溜槽畅通，确认完毕。

4. 停车手指口述

（1）接到停车信号，上序设备全部停稳，确认完毕。

（2）刮板输送机内物料彻底拉空，确认完毕，可以停车。

任务 4.2　空气压缩机的操作

一、试车前的准备工作

（1）全面检查空气压缩机各连接部位的紧固及防松情况，复查各部分的间隙，并盘车检查空气压缩机有无阻滞或撞击等异常现象。

（2）循环油润滑系统试运转。

（3）检查机身油池并确认无不清洁现象后，加入经过过滤的润滑油，至机身油标尺规定高度。

（4）打开机身润滑油进、出口与系统联结管路中的进、出阀门和系统旁通阀，然后启动稀油站的油泵。调节旁通阀，使系统油压缓慢上升至 0.15 MPa 以上。由于此前系统管路未充满油，应注意油位高度，及时加以补充。

（5）检查油路是否畅通，各润滑部位的供油情况是否正常，以及系统各部连接处的密封性。如有缺陷应马上排除，油循环时间不少于 4 h。油循环结束后应拆检清洗各过滤器，使润滑系统具备空气压缩机试车的条件。

（6）在润滑系统试运转时，应同时检查就地仪表架内的油路情况，利用旁路阀，调试油压控制器（压力变送器），对报警联锁值进行整定。

（7）校正稀油站中的溢流阀，开启值设置为 0.4 MPa，然后将系统油压恢复至正常开车油压范围内，以 0.2～0.3 MPa 为宜。接通冷却水源，检查油冷、中冷、后冷和气缸供水情况，冷却水进水压力应大于 0.15 MPa。

二、无负荷试车

（1）将吸、排气阀全拆下，首先启动油站油泵和注油器，并检查供油情况，应符合要求，开动盘车机构，盘车数分钟，确认无滞止现象。点动主电机，使压缩机达到额定转速后立即停车检查，验证其转向，检查电动机转子与定子及空气压缩机各运动部位，应无异常声响和故障，再次启动主电动机后运转 5～10 min，检查空气压缩机各部位的声响、发热情况，应特别注意循环润滑部分是否给油正常。倘有缺陷或故障，应停车排除。若各部件正常，可无须停车，让空气压缩机在无负荷状态下连续运转 2～4 h，进行无负荷运转考核。

（2）空气压缩机无负荷试车完毕后，进行气路吹扫。

（3）气路系统在进行吹扫前应先用人工方法清洗不能直接吹扫的管路及设备，如进气消声器、进气缓冲器及其连接管路、中间冷却器等，同时应彻底清除气缸阀腔内的脏物，然后装吸、排气阀，接通相应的排气缓冲器及排气管道；将一级进气缓冲器的进口（空气压缩机一级缸进气口）通大气（加滤网），然后启动空气压缩机，利用排出的压缩空气对机组排气系统中的容器、管路系统进行吹扫。吹扫时可用木槌敲击管路和容器（不可过分用力），以加快吹扫进度。

（4）在进行吹扫时要将各容器、管道上的压力表根部阀打开，将仪表拆下，在安全阀的接口装上盲板，打开排污阀。吹扫压力应视情况逐步升高，一级可升至 0.15 MPa 左右，二级可升至 0.20~0.3 MPa。空气压缩机升压时应注意排气温度，不允许超过 150 ℃，吹扫时间不限，吹净为止。检查吹扫质量时可在吹扫口处放置温白布，经 2~5 min 后无脏物即可。各气压表的管路也应经过吹扫。

（5）吹扫后检查吸、排气腔及缸内有无脏物，并将残余脏物彻底清除干净。将吸、排气阀拆下，重新清洗、组装，并装上各就地仪表、安全阀等。

三、带负荷试车

（1）启动稀油站上的油泵和注油器，检查供油情况，使润滑油压力上升至规定值；打开冷却水进水总阀，检查供水情况，同时盘车数转。检查各就地仪表及仪控台上相应仪表显示是否正常，如有缺陷应马上排除，使其符合要求。开足排气管路及旁通管路上的各放空阀门、排气阀门，确认气路系统无压力。将盘车手柄扳至开车位置并固定好。

（2）启动主电动机，使空气压缩机运转 20 min，待运转稳定后再将排气管路上的各放空阀逐一关闭，关小排气阀门，使空气压缩机逐渐进入负载运转状态。

（3）分次逐步升压运转。每次升压后均须连续运转 1 h 以上。

（4）当压力达到规定的最终压力值后，全机应连续运转 4 h 以上。

空气压缩机在升压运转过程中无异常现象后，方可将压力逐步升高，直至稳定在要求压力下运转。

（5）升压运转达到额定值后，按本机要求的开启压力对一、二级安全阀进行调试。安全阀应由劳动部门或计量部门校正，一级安全阀的开启压力为 0.23 MPa（二级排压为 0.8 MPa 时安全阀的开启压力为 0.245 MPa），二级安全阀的开启压力为 0.77 MPa（二级排压为 0.8 MPa 时安全阀的开启压力为 0.88 MPa），测试时可慢慢关小出口阀门，使出口压力缓慢升高，要求启闭灵敏。

四、维护和保养

（1）注意机身油位高度和注油器的油位高度，需保持在规定范围内。

（2）经常检查各仪表所示的压力及温度值，其值应符合说明书前面"主要技术参数"所列出的要求。

(3) 注意倾听机组工作时的声音，检查吸气阀盖有无过热现象以及各系统的工作情况。

(4) 检查电动机的电流、电压及温升值（符合电机厂说明书规定）。

(5) 检修时应注意检查活塞导向环、活塞环及填料密封的磨损情况，各配合面、摩擦面的情况。

(6) 安全阀及仪表一般每年检修一次，操作者有疑问时，应及时校验。

五、停车

(1) 与有关部门联系，通知空气压缩机停车。
(2) 打开末端排气系统的旁通阀卸载，使空气压缩机进入空载运行状态。
(3) 停止主电动机的运行。
(4) 主机停车后，停止循环油泵的工作和冷却水的供水。

六、岗位作业标准

设备原理要熟悉，操作程序须掌握；
管道阀门无泄漏，油位油质要合适；
气温油温须正常，风压压力要达标；
检修停电须遵守，运行记录要填好。

七、手指口述工作法

手指口述内容包括：风机、阀门、仪表、显示屏、电流表、操作箱、安全阀。

1. 交接班手指口述

(1) 空气压缩机输出风量正常，压力在正常范围内，确认完毕。
(2) 轴承润滑油正常，温度正常，确认完毕。
(3) 调节风门闸阀调节正常，确认完毕。
(4) 紧固件连接无松动，设备无振动，声音正常，确认完毕。
(5) 设备工作电流正常，确认完毕。
(6) 风包、安全阀、活栓无异常声音，确认完毕。
(7) 各仪表显示数据真实可靠，确认完毕。
(8) 各显示屏完好，显示数据一切正常，确认完毕。
(9) 地面无积水、无杂物，设备无积尘、积油，确认完毕，可以接班进行正常操作。

2. 开车手指口述

(1) 轴承润滑油正常，温升正常，声音正常，确认完毕。

(2) 调节风门闸阀调节正常，确认完毕。

(3) 紧固件连接无松动，设备无振动，确认完毕。

(4) 风包、安全阀、活栓无异常声音，确认完毕。

(5) 各仪表、显示屏显示正常，确认完毕。接到开车信号，可以开车。

3. 运行过程手指口述

(1) 各润滑部位润滑良好，油量充足，设备温升正常，声音正常，确认完毕。

(2) 调节风门闸阀调节正常，保证风量充足，确认完毕。

(3) 紧固件连接无松动，设备无振动，确认完毕。

(4) 风包、活栓无异常声音，安全阀灵敏可靠，确认完毕。

(5) 各仪表、显示屏显示正常，确认完毕。

(6) 冷却水水量充足，池内液位充足，确认完毕。

(7) 按照规定时间准确填写运行记录，确认完毕。

4. 停车手指口述

(1) 接到停车信号，需要用风的设备全部停稳，确认完毕，可以停车。

(2) 停车时，按下停车按钮，机组将按设定程序停车，确认完毕。

(3) 停车后排掉储气罐内积水，待减荷阀内的放气孔及油分离器上的放气阀放气完毕后，拉下电源开关，确认完毕。

任务 4.3　离心式水泵和真空泵的操作

离心式水泵和真空泵的日常操作主要包含开车前准备、运行中操作和停车操作三部分。

一、开车前

(1) 检查电机泵体是否固定牢靠，三角传送带装置适中，泵体圆筒内油位适当。

(2) 检查泵体管路是否有破损，阀门开启是否正确，风阀是否能正常供风。

(3) 若检查中发现问题应及时通知集控室，待相关维护人员处理好问题后，通知集控室可正常开车。

二、开车

岗位工接到集控室开车命令后,先关闭各风阀,打开冷却水阀门,然后按下相应介质泵启动按钮,启动泵体,最后徐徐打开入料阀门,调整上量,并监控启动和上量是否正常,如有异常,先按下停止按钮停车并通知集控室,待相关维护人员处理好问题后,通知集控室可正常开车。

三、运行中

(1) 接到开车信号后,按流程开车,开车前与相关岗位司机取得联系。
(2) 监控泵上量是否正常,并及时调整相应入料阀门来调节泵的上量。
(3) 经常检查电动机、泵体的声音、温升是否正常,管路、泵体是否有破损情况,有问题不能保障正常运转时,及时停车并通知集控室,待相关维护人员处理好问题后,通知集控室可正常开车。
(4) 司机必须精神集中,严禁脱离工作岗位。

四、停车

接到停车信号后,按流程停车。停车前,一面关闭入料阀门,一面打开清水阀门,直至入料阀门关闭,然后待泵排出的全部是清水后,停泵,关闭清水阀门、冷却水阀门。

五、停车后

(1) 检查管路,防止煤泥、介质等堵塞管路。
(2) 排出污池内的污泥水。
(3) 详细检查全部设备情况。
(4) 检修、维护、处理设备问题、清理岗位卫生,应按规定办理停送电手续,如需进入机内操作必须停机停电。

六、岗位作业标准

泵的种类虽然多,按章操作不出错;
开车之前要细检,零件齐全不松动;
开关位置要正确,冷却系统需畅通;

检查无误方开车，运行记录要记清。

七、手指口述工作法

手指口述内容包括：泵、轴承温度、润滑油、电流表、信号、操作箱、冷却水。

1. 交接班手指口述

（1）水泵轴承润滑情况正常，温度正常，确认完毕。

（2）水泵密封，无漏水，无漏气，确认完毕。

（3）进、出口闸阀调节正常，确认完毕。

（4）连接管路无堵塞，无泄漏，确认完毕。

（5）水泵流量正常，工作电流稳定，操作正常，确认完毕。

（6）冷却水管路畅通，液位充足，确认完毕。

（7）紧固螺栓无松动，确认完毕，可以接班进行正常操作。

2. 开车手指口述

（1）水泵轴承润滑情况正常，温度正常，紧固螺栓无松动，确认完毕。

（2）水泵密封，无漏水，无漏气，确认完毕。

（3）连接管路无腐蚀，无泄漏，确认完毕。

（4）冷却水管路畅通，池内液位充足，确认完毕。

（5）接到开车信号，下序设备已开启，确认完毕，可以开车。

（6）启车顺序：

①关闭放料阀门；②加注冷却水；③打开入料阀门；④启动电动机；⑤打开出料阀门，调整到适宜流量，确认完毕。

3. 运行过程手指口述

（1）电动机、水泵运行稳定，温度正常，水泵轴承润滑情况良好，紧固螺栓无松动，确认完毕。

（2）水泵密封，无漏水，无漏气，确认完毕。

（3）连接管路稳定畅通，无泄漏，确认完毕。

（4）观察池内液位符合标准范围，保持既不跑溢流，又不抽空仓，确认完毕。

4. 停车手指口述

（1）接到停车信号，上序设备（来料设备）全部停稳，确认完毕，可以停车。

（2）停车顺序：关闭出料阀门→停止电动机→关闭入料阀门→关闭冷却水阀门→打开放料阀门，将管道及泵内物料放空。

任务4.4 给料机的操作

一、工作前的准备

(1) 必须熟悉原煤系统设备分布、运行方式和信号系统，熟悉本岗位设备的机械性能和电气性能。

(2) 接班后应详细检查以下内容：

①煤仓煤位信号显示是否正常；

②联系信号回路是否畅通；

③给料机是否完好（应就地逐台试车检查）；

④清仓系统工作是否正常；

⑤瓦斯浓度是否超限。

(3) 该设备分自动轮换和就地操作两种方式。

①采用自动轮换方式时，应将转换开关打到自动轮换位置，然后合上每台给料机控制箱上的电源开关（经检查完好）。

②采用就地操作方式时，将转换开关打到就地位置，而后将所有给料机电源开关打开，合上给料机工作电源，最后操作给料机电源开关。

二、开车

(1) 听到控制室发出的联系信号后，应对设备进行一次性核对检查（一般情况下，转换开关应置于自动轮换位置），确认无误后，向控制室返回允许启动信号，然后站在控制箱旁监视启动。

(2) 当控制室发出启动预告信号后，应严密监视设备及周围情况，如有异常，可按下停止按钮，发出禁启信号，并将禁启原因汇报控制室。

(3) 启动给料机前，先将电位器沿逆时针方向旋回零位，工作电源接通后，沿顺时针转动电位器旋钮，逐渐使振动器振幅达到 1.75 mm。

三、运行

(1) 在运行过程中，如发现某台给料机工作异常，应迅速将给料机工作电源切断，使之停止运行。

(2) 注意监视储存仓煤位信号的变化，当某仓出现低煤位信号（低煤位指示灯灭）时，使给料机停止运行。

四、维护与保养

（1）为了避免储存仓物料对料槽的冲击，一般情况下给料机不允许卸空，在料槽中应保持一定的料量。

（2）给料机在运行过程中，必须注意电流的稳定情况，当电流变化较大时，必须进行检查。引起电流变动的原因一般有以下几个：

①弹簧板组的顶紧螺丝经运动后发生松动；

②弹簧板断裂，刚度不足；

③铁芯和衔铁之间间隙大小有变化，应注意铁芯和衔铁有无碰撞，如听到碰撞声，必须停车进行检查。

（3）给料机无负荷时，应停止运行。

（4）电网电压不得超过 220 V，电流不得超过 12.7 A（表示电流为 10.6 A）。

（5）对给料机的维护必须注意以下几点：

①经常检查所有紧固螺丝的紧固情况，尤其是弹簧板组及铁芯紧固螺栓必须拧紧，要求每班检查一次。

②更换弹簧板时，首先将壳体上、下面连接叉定位螺钉拧紧后，拆卸断裂的弹簧板。

③更换线圈时必须保证铁芯与衔铁气隙为 (2 ± 0.1) mm 并与工作面平行。

④当铁芯上配置两个线圈时，务必使极性正确，必须使线圈夹紧就位，经常检查线圈压紧夹板和出线夹有无松动现象。防止线圈与铁芯产生相对运动，使线圈外皮磨损造成短路。

⑤振动器的密封罩在检修完毕后，必须随时盖好。

⑥经常检查给料机的吊挂装置，受力均匀以防损坏。

⑦每月清扫一次电控箱。

（6）对磨损后的料槽按原设计图加工更换，保证相同的材料和重量。

（7）检修、维护、处理设备问题、清理岗位卫生，按规定办理停送电手续，如需进入机内操作必须停机停电。

五、手指口述工作法

手指口述内容包括：机架、平台、溜槽、销子、螺钉、钢丝绳、操作箱。

1. 交接班手指口述

（1）机架牢固，无开焊变形现象，确认完毕。

（2）平台栏杆完整、牢固，确认完毕。

(3) 出料溜槽无损坏、漏煤或堵塞,确认完毕。

(4) 给料机各转动部位的销子、螺钉牢固,确认完毕。

(5) 钢丝绳牢固,电气操作正常,确认完毕。

(6) 地面无积水,设备无积尘、油污,确认完毕,可以接班进行正常操作。

2. 开车手指口述

(1) 机架牢固,无开焊变形现象,确认完毕。

(2) 平台栏杆完整、牢固,确认完毕。

(3) 出料溜槽无损坏,确认完毕。

(4) 给料机各转动部位的销子、螺钉牢固,确认完毕。

(5) 钢丝绳牢固,电气操作正常,确认完毕。

(6) 接到开车信号,下序设备开启,确认完毕,可以开车。

3. 运行过程手指口述

(1) 机架牢固,无开焊变形现象,确认完毕。

(2) 平台栏杆完整、牢固,确认完毕。

(3) 出料溜槽无损坏,确认完毕。

(4) 给料机各转动部位的销子、螺钉牢固,确认完毕。

(5) 支撑或吊挂装置牢固,电气操作正常,确认完毕。

(6) 给料机出料均匀,无堵卡现象,确认完毕。

4. 停车手指口述

接到停车信号,停煤,确认完毕,可以停车。

六、岗位作业标准

上下工艺要清楚,机架牢固无变形;机内清洁无杂物,出料均匀无堵卡;支撑吊挂皆正常,听到信号再启动;遇到异常要汇报,检修要停机停电。

任务 4.5　浅槽重介质分选机的操作

一、一般要求

(1) 掌握重介质选煤的基本理论,了解重介质选煤的工艺流程,入选原煤、煤种的数量、质量情况及粒度组成。

(2) 熟悉煤炭产品结构、指标要求、主要材料消耗指标。熟悉所属机械、电气设备的工作原理、构造、零部件的名称、作用、技术特征、设备维护保养方法和有关的电气基本知识。

（3）熟悉岗位设备开、停车程序和操作以及检查、分析、防止和排除故障的方法。

（4）了解本岗位的自控装置、各种仪表的工作原理、使用和维护保养方法。

（5）熟悉掌握重介质选煤操作技术，能根据煤质变化、指标要求，灵活调整各个工艺、操作因素，全面完成各项任务。

（6）上岗时，按规定穿好工作服并穿戴好有关劳保用品。

二、工作前的准备

（1）检查分配箱、入料管、底流管、底流槽是否畅通，各阀门是否开启灵活。

（2）检查各部传动装置是否正常，检查槽内有无杂物，如有杂物，应预先清理。

（3）固定筛板应平整牢固，无破洞、断裂和严重变形现象。

（4）检查排料刮板有无弯曲，刮板螺丝是否松动或脱落。

三、正常操作的规定

（1）先启动沉物刮板运输机，运转正常后，启动介质泵，使悬浮液充满分选槽，并恒定溢流。

（2）根据入选煤种、原煤性质，合理调整排料刮板的速度，使其能够在将沉物提起的情况下，使用最低速度。

（3）在运转过程中要经常检查各运转部件有无异常响声，电动机和轴承是否有异常。

（4）检查排料刮板、刮板耳、大链是否有异常，如有异常应立即停车处理。

（5）当溢流口出现堆积物时，应立即处理。

四、操作后应做的工作

（1）接到停车信号后，待浅槽重介质分选机把槽体内的物料排空后，方可停车。

（2）停车后，仔细检查浅槽链条、刮板、螺丝，如有问题应及时处理。

（3）搞好设备环境卫生，填写好交接班记录。

五、岗位作业标准

槽体杂物需清理，刮板链条要检查；
听到信号再启动，多跑多看是关键；
水平上升要合适，密度指标需调好；
有水方可把煤带，分选效果勤掌握。

六、手指口述工作法

手指口述内容包括：电动机、减速器、排料刮板、溜槽。

1. 交接班手指口述

（1）执行交接班制度，交接上一班设备带料运行情况，无安全隐患，确认完毕。

（2）岗位人员应知应会：熟悉掌握设备性能参数、安全注意事项、设备作用，确认完毕。

（3）上岗时，持证上岗，要穿戴好有关劳保用品，确认完毕。

2. 开车手指口述

（1）开车前确认设备安全，对设备进行巡检，检查浅槽各部件齐全完好（电动机、减速器、排煤轮、排料刮板等），各部溜槽无蓬堵，脱介筛的喷水压力正常，确认完毕，可以空载启动浅槽重介质分选机及脱介筛。

（2）联系合格介质泵司机启动上料，比重控制司机调整合格介质的比重、上升流、水平流达到洗选工艺要求，确认后联系带煤。

3. 运行过程手指口述

（1）检查设备性能、运行效果良好，电动机、减速器无振动，声音、温度正常，检查各处轴承油脂润滑效果，确认完毕。

（2）上升流、水平流稳定，产品分选及脱介效果良好，确认完毕。

4. 停车手指口述

接到停车信号后，确认来煤线排空原料煤后，联系合格介质泵司机停泵放料，脱介喷水阀门关闭后停筛，确认后停止浅槽重介质分选机。

任务4.6 重介质旋流器的操作

一、工作前的准备

（1）上岗时，要认真听取班前会的工作安排，尤其是清晰本班的入选煤种，精煤产品的数量、质量要求。

（2）在岗位上向上一班司机了解上一班的工作情况，并确定本班运转情况。

（3）仔细检查定压斗入料管，精煤、中煤、矸石三段的出料有无堵塞或破损现象，定压斗的筛算应完好无损，有故障应通知工长及时排障。

二、正常操作规程

（1）接到开车信号后，仔细检查介质定压斗的液位以判断入料压力的大小，观察溢流和底流的分配状况，要求矸石底流嘴的出料喷射呈伞状后，方可通知带煤，带上煤后，随时观察精煤、中煤、矸石的产品分配，脱介效果，及时通知相关岗位调节比重、液位及喷水量，确保符合工艺要求。

（2）在开车状态下，随时检查三产品重介质旋流器的入料管，精煤、中煤、矸石三段的出料口等无堵塞，出料喷射状况以及管路磨损状况，发现上述一种特殊情况时，必须停煤，放料处理。

（3）当和重介质旋流器有关的岗位发生故障，如底流或溢流嘴的弧形筛入料管堵塞、合格泵上料不均匀造成入料压力不够、尾矿上料管堵塞或漏严重，必须及时联系停煤处理。

三、停车后的工作

（1）按先停煤后停泵的放料顺序进行停车，避免入料管堵塞事故的发生。

（2）检查入料管，重介质旋流器本体内陶瓷片以及底流、溢流箱及管，有无磨损或者堵塞现象，若有问题应及时汇报处理。

（3）检查定压斗的筛算、下料管（天方地圆）有无磨损，若有问题应及时补焊或更换。

（4）利用停车时间处理其他在运行和停车后检查发现的问题。

四、岗位作业标准

工艺原理要清楚，上下设备需关联；
仪器仪表勤校准，密度压力要合适；
入口出口多检查，煤量均匀且适中；
要把产品质量关，勤学苦练是根本。

五、手指口述工作法

手指口述内容包括：管路、阀门、操作箱、液位、煤流。

1. 交接班手指口述

（1）重介质旋流器精煤、中煤、矸石三段出料压力稳定，确认完毕。
（2）溜槽管道畅通，无杂物，确认完毕。
（3）给料机供煤正常，筛子上无杂物，介质管流量正常，无蓬堵，无滴漏，确认完毕。
（4）管路控制阀门开启灵活，电源、仪表、操作箱自动、手动转换正常，确认完毕。
（5）设备清洁，地面无积水、无杂物，确认完毕，正常接班。

2. 开车手指口述

（1）给料机无蓬堵，筛子上无杂物，介质管畅通，确认完毕。
（2）合格介分配流量稳定，启动给料机，确认完毕。
（3）重介质旋流器分选正常，精煤、中煤、矸石出料管路畅通，确认完毕。
（4）根据入洗原煤的特性和上、下工序的工艺信息反馈适时调整煤量，确认完毕。

3. 运行过程手指口述

（1）及时清理筛子上的大块煤、矸石及杂物，确认完毕。
（2）根据生产任务要求和煤质实时监测信息，调整煤量以符合工艺要求，确认完毕。
（3）及时通知合格介质泵司机调整流量到液位稳定状态，确认完毕。
（4）加强巡回检查，及时处理各段堵塞现象或机械、电气故障，确认完毕。
（5）执行器油位充足，电源、仪表、显示屏正常，精矿尾矿排料正常，尾矿排料畅通，确认完毕。

4. 停车手指口述

（1）逐台停煤后联系停泵，直到最后停车，确认完毕。
（2）停车顺序：拉空缓存仓—停给料机—停合格介质泵—系统停车。
（3）管路畅通，设备清洁，地面无积水、无杂物，确认完毕。

任务4.7　磁选机的操作

一、工作前的准备

（1）检查分配箱、入料桶、底流管、底流槽是否畅通。

(2) 检查机器各部件是否正常，有无杂物掉入机内，各润滑点是否已加注润滑油。

(3) 检查各紧固部件是否松动，电动机是否正常。

二、正常操作规程

(1) 接到开车信号后，启动磁选机，待运行正常后，观察液面的情况、回收效果，合理调节溢流液面，跟比控司机及时联系，观察分流的大小。

(2) 经常观察入料、精矿、底流情况，防止堵管，严禁让杂物、铁块、矸石等进入槽体，以防卡住圆筒或划破筒皮。

(3) 经常检查电动机、减速器的运转情况，若发现异常应及时处理，经常检查温度是否正常。

三、操作后的规定

(1) 接到停车信号后，待磁选机物料全部排空后，方可停车。

(2) 停车后仔细检查槽体、电动机、链条，如有问题应及时处理。

四、岗位作业标准

设备检查要仔细，入料稳定不外溢；
尾煤淤积常清理，严格控制溢流面；
运转正常不跳动，进料堵塞勤清理；
轴承滚筒细检查，温度磁性保正常；
尾矿排放速度匀，工作记录认真填。

五、手指口述工作法

手指口述内容包括：管路、阀门、滚筒、减速器、操作箱。

1. 交接班手指口述

(1) 管路畅通、无堵塞、无杂物堆积，确认完毕。

(2) 减速器、链条运转正常，确认完毕。

(3) 尾矿排料阀完好、灵活好用，确认完毕。

(4) 电器操作正常，减速器油位充足，无漏油现象，控制按钮灵活可靠，确认完毕。

(5) 地面无积水，设备无积尘、油污，确认完毕，正常接班。

2. 开车手指口述

(1) 管路畅通、无堵塞、无杂物堆积，确认完毕。

(2) 电动机、减速器、链条运转正常，确认完毕。

(3) 电器操作正常，控制按钮灵活可靠，已复位，减速器油位充足，无漏油现象，确认完毕。

(4) 接到开车信号，下一级设备开启，确认完毕，可以开车。

3. 运行过程手指口述

(1) 管路畅通、无堵塞、无杂物堆积，确认完毕。

(2) 电动机、减速器、链条运转正常，确认完毕。

(3) 根据入料量及煤泥含量，及时调整闸阀，保证磁选效果良好，确认完毕。

4. 停车手指口述

(1) 接到停车信号，上一级设备停稳，确认完毕。

(2) 磁选机内介质全部回收干净，煤泥全部排空后停车。

(3) 停车后磁选机的滚筒、槽体必须用清水冲洗干净。

任务 4.8　介质制备的操作

一、操作前的准备工作

(1) 检查介质抓斗有无故障，钢丝绳是否有乱槽乱绳缠绕现象，滑轮是否灵活，若有影响抓斗升降行走的情况应立刻处理。

(2) 检查操作室内外部有无不安全现象，各操作手柄和按钮信号装置是否完好。

(3) 检查输送管路是否完好、畅通，阀门是否开启灵活。

(4) 检查鼓风设施是否完好，压力是否达到规定要求。

(5) 检查介质桶的网箅是否平整牢固，无破洞、断裂和严重变形现象。

(6) 检查各部传动装置是否正常，检查桶内有无杂物，如有杂物，应预先清理。

(7) 当检查一切正常后，方可空载试车、开车、停车。

二、正常操作时的规定

1. 介质抓斗的使用

(1) 进入操作室并关好门,将空气开关打到"通"位置,再拿钥匙打开电源,握住手柄,操作发出信号,以便介质仓下的人离开。

(2) 空载试车确认一切正常后,即要正式抓吊货物,发出信号,请有关人员离开。

(3) 将抓斗开到货物正上方,然后放下并张开抓斗,并松钢丝绳,等到抓斗吃满料,即闭合抓斗,向上提升。当抓斗最下部交于栏杆 400~500 mm 时,即停止向上提升,操纵定向后退。

(4) 将抓斗对准介质制备桶,慢慢打开抓斗,待料卸净以后方可关闭抓斗,进行下次作业。

(5) 当发生异常现象时,立即按远方停止断电按钮。

2. 介质制备

先向介质制备桶内加水,然后添加磁铁矿粉,质量比为 2:1,关严去空提机阀门,开旁通阀门,使料在桶内循环搅拌均匀,用加水的方法将其密度调到 1 900~2 000 kg/m^3,桶内最高液位要低于溢流口 300 mm。

3. 介质供应

当重介质操纵工提出补充介质时,需将介质搅拌均匀并测定介质密度,记下液位,并关闭旁通门,打开去空提机阀门及去主洗车间浓介质桶阀门,开始供料,供料完毕后。打空提机并关闭所开阀门,并记录液位算出所供介质量,并认真记录。

三、操作后应做的工作

(1) 停车时,要将车开到后位,将手柄打到正中间零位,关闭照明,关闭总电源,前进或后退车时,要注意限位。

(2) 停止打介后,待输送泵把桶内的物料排空后,方可停泵。停泵后,仔细检查设备各关键部位的完好程度,如有问题应及时处理。

(3) 经常检查钢丝绳磨损情况,注意电动机的声音和钢丝绳的松紧度,及时给钢丝绳擦油。

(4) 搞好设备环境卫生,填写好交接班记录。

四、岗位作业标准

介质质量要有数，储备多少心有底；
资料记录要齐全，制介配介须认真；
抓斗绳环勤检查，风压风量须够用；
水介配比须均匀，密度合格是关键。

五、手指口述工作法

手指口述内容包括：电气开关、介质抓斗、阀门、压力表、计量仪、浓介桶密度、液位。

1. 交接班手指口述

（1）电气开关完好，操作灵活，确认完毕。

（2）各阀门手动、自动转换正常，开度显示与现场一致，确认完毕。

（3）各压力表、计量仪数据真实有效，与现场仪表数据一致，确认完毕。

（4）磁铁矿粉数量充足、质量合格，浓介质桶桶箅无杂物、无破损，具备介质制备要求，确认完毕。

（5）仔细检查介质抓斗的卷筒、钢丝绳、抓斗及制动机构等关键部件，确认完好。

2. 介质制备作业手指口述

（1）开启水管阀门，向桶内加水，确认完毕。

（2）操作抓斗将磁铁矿粉加入桶内，确认完毕。

（3）关严去空提机阀门，开旁通阀门，使料在桶内循环搅拌均匀，确认完毕。

（4）继续加水，使浓介质桶液位、比重满足工艺要求，确认完毕。

（5）接到车间补介指令后，将介质搅拌均匀并测定介质比重，记下液位，关闭旁通门，打开去空提机阀门及去主洗车间浓介质桶阀门，开始供料，确认完毕。

（6）供料完毕后。打空提机并关闭所开阀门，记录液位算出所供介质量，并认真记录。

3. 停止作业手指口述

（1）将介质抓斗停稳，将操作手柄锁入操作箱。

（2）将桶内的物料排空后停泵，确认完毕。

（3）搞好设备环境卫生，填写好交接班记录。

任务 4.9　浮选机的操作

浮选机的日常操作主要包含开车前准备、运行中的操作和停车操作三部分。

一、开车前的准备

（1）检查浮选机和泡沫泵各润滑点的润滑情况是否良好。
（2）检查浮选机、泡沫泵各部件螺丝是否紧固，皮带松紧是否合适。
（3）盘车检查各叶轮有无卡塞撞击现象。
（4）检查安全防护装置是否完善可靠。
（5）检查各浮选槽、各输矿管有无漏矿现象，各槽闸板是否灵便严密，泡沫刮板高低是否合适。
（6）与上下工序联系好，待原矿泵、精矿泵开启后，方可启动浮选机。

启动电动机前，必须先用手盘车，启动顺序是"扫选—粗选—精选—搅拌"，待泡沫槽中矿浆累计到一定程度后，方可启动泡沫泵，停车时操作顺序相反，严禁泡沫泵空转。

二、运行中的操作

（1）按规定配制药剂，随时观察浮选情况的变化，及时调整液面和风量，保持循环稳定，努力提高各项技术指标。
（2）严格的遵守药剂制度，不得随意更改。每 2 h 测定一次药剂的添加量，在矿量不变时，药剂量必须稳定。
（3）随时注意各机械运转部分的运转情况。

三、停车操作

（1）必须在停止给料且浮选机经过充分循环后，方可停车。
（2）停车后，搞好设备和环境卫生，整理好工具，为下次开车做好准备。
（3）遵循浮选机启动、运行、停止时的安全注意事项。
（4）遵循浮选机操作流程。

四、岗位作业标准

熟悉设备勤检查，日常保养要到位；

管线油路勤清理，尾矿阀门严关闭；
风量油量遵标准，药剂添加按时量；
泡沫带量要适合，把握质量最重要。

五、手指口述工作法

手指口述内容包括：搅拌桶、浮选药剂加入量及罐内药剂量、浮选机搅拌系统、刮泡器、传动机构、三角传送带、阀门、管道。

1. 交接班手指口述

（1）各传动机构完好，三角传送带松紧适中，安全防护罩完好，紧固螺栓无松动，确认完毕。

（2）各平台盖板齐全，安全栏杆牢固，各阀门开关位置正确，各管路、阀门严密，无泄漏现象，阀门开关灵活，精矿、尾矿溜槽畅通，药剂储罐及添加装置完好，确认完毕。

（3）加药量及剩余药剂量明确，确认完毕。

2. 开车手指口述

（1）各阀门开关位置正确，各管路、阀门严密，无泄漏现象，阀门开关灵活，精矿、尾矿溜槽畅通，药剂储罐及添加装置完好，确认完毕。

（2）浮选药剂充足，各加药点阀门灵活可靠，确认完毕。

（3）接到开车信号，下序设备开启，确认完毕，可以开车。

（4）联系浮选入料泵送料，确认完毕。

（5）适度添加煤油、起泡剂，认真观察浮选效果。

3. 运行过程手指口述

（1）各传动机构完好，三角传送带松紧适中，安全防护罩完好，确认完毕。

（2）入料、排料及药剂添加量平稳合理，分选效果良好，指标合格，确认完毕。

（3）药剂储罐内药剂充足，各阀门开关灵活可靠、位置正确，各管路、阀门严密，无泄漏现象，确认完毕。

（4）精矿槽不跑溢流，确认完毕。

4. 停车手指口述

（1）与浮选入料浓缩司机联系，浮选入料池中物料拉空或浓度达到许可范围后，停入料泵，确认完毕。

（2）停料后浮选机继续运行 10 min 左右，停止加药，并关闭浮选药剂总阀门，确认完毕。

模块五

产品处理

【基础知识】

在选煤厂中，经过分选后的煤带有大量的水，因此产品脱水作业是湿法选煤工艺过程中必不可少的重要环节。水分过高的煤会给储存、运输和使用造成浪费和困难，特别是在寒冷地区的冬季更是如此。选煤厂常用的产品脱水方法有：重力脱水、离心脱水、过滤脱水、压滤脱水、干燥脱水等。由于干燥脱水应用较少，因此只作简单介绍。

重力脱水：利用重力作用实现脱水的方法，如利用脱水斗式提升机、脱水筛、脱水仓。

离心脱水：利用离心力作用实现脱水的方法，如利用各式离心脱水机。

过滤脱水：利用真空抽吸使物料脱水的方法，如利用过滤机。

压滤脱水：利用挤压作用使物料脱水的方法，如利用压滤机。

干燥脱水：利用热力蒸发作用降低物料水分的方法，如火力干燥。

在选煤厂，销售精煤的综合水分一般要求达到10%以下，在高寒地区或有特殊需要甚至要达到8%以下。为满足这个要求，各种精煤必须在不同的脱水设备中进行脱水。

在选煤生产中，主要是根据产品的粒度和所要求的水分，选用相应的脱水设备。脱水方式与产品水分的参考指标见表5-1。

表5-1 脱水方式与产品水分的参考指标

类别	产品名称	脱水及干燥方式	水分/%
脱水	块精煤	脱水筛	8~10
		脱水仓	6~7
	末精煤	脱水筛	16~18
		老坑斗式提升机	20~24
		离心脱水机	8~10
		脱水仓	12~14

续表

类别	产品名称	脱水及干燥方式	水分/%
脱水	中煤	脱水斗式提升机	20~24
		脱水筛	14~16
		离心脱水机	10~12
		脱水仓	12~14
	矸石	脱水斗式提升机	20~24
		脱水仓	12~14
	煤泥	脱水筛	24~28
		真空过滤机	24~28
		沉降式离心机	24~28
		沉降过滤式离心机	20~24
		压滤机	25~30
	浮选精煤	真空过滤机	24~28
		沉降过滤式离心机	20~24
		加压过滤机	16~21
		精煤压滤机	18~22
	浮选尾煤	真空过滤机	25~30
		沉降过滤式离心机	25~30
		压滤机	25~30
干燥	末精煤	火力干燥机	6~7
	浮选精煤		8~9
	混合精煤		7~8

知识 5.1 重力脱水

重力脱水是利用水本身所受重力使煤和水自然分离的一种方法，如利用脱水斗式提升机、脱水煤仓等，还有通过机械振动作用使水受到挤压和惯性力的作用使煤水分离，如利用脱水筛等。重力脱水的方法比较简单，脱水效果差，只能脱除部分表面水分，一般多用于精煤的初步脱水或中煤、矸石、粗粒精煤的脱水。

筛分脱水是物料以薄层通过筛面时水分与颗粒脱离的过程。脱水筛是选煤厂使用最为广泛的脱水设备之一，通常将分级用的筛分设备进行相应的改造，即可用于脱水。

脱水筛脱水的原理基本上仍是利用水分本身的重力达到脱水的目的。物料在筛面上铺成薄层，在沿筛面运动的过程中，受到筛分机械的强烈振动，使水分很快从颗粒表面脱除，进入筛下漏斗。

筛分机械的类型很多，用于脱水的筛分机械，按其运动和结构可分为固定筛、摇动筛和振动筛3种。

由于选煤厂筛分设备的数量很多，因此对其要求越来越高，不但要求其具有较高的处理能力、较好的脱水效果、较低的动力消耗，还要求其具有结构简单、制造容易、安装维修方便等机械性能。摇动筛的上述性能较差，目前在使用上受到一定的限制，已基本被淘汰，逐步被工艺效果好、构造简单、维修方便的振动筛所代替。

知识 5.2　离心脱水

在重力场中进行的脱水，其效果受含水物料的性质影响较大，为了提高物料的脱水效果，人们又研制了在离心力场中工作的离心脱水机。用离心力来分离固体和液体的过程称为离心脱水过程。用来实现离心脱水所用的设备通称为离心脱水机。

离心脱水机主要分为过滤式和沉降式两大类。目前国内外选煤厂所用的离心脱水机，按其工作原理和排料方式可分为多种机型。过滤式离心脱水机主要用于较粗颗粒物料的脱水，如末精煤和粗煤泥的脱水；沉降式离心脱水机主要用于细颗粒物料的脱水，如浮选精煤、尾煤和细煤泥的脱水。也有两种兼有的离心沉降过滤，多用于浮选产品的脱水或煤泥回收。

离心脱水机是利用离心力进行固液分离的，其离心力比重力场中的重力大上百倍，甚至上千倍，通常用分离因数表示这种关系，亦称离心强度，用 z 表示。物料的脱水过程，由于离心力的作用得到强化。离心力的大小影响着脱水的效果。分离因数是衡量离心机中物料所受离心力大小的一个指标，它是指物料所受的离心加速度和重力加速度的比值。

分离因数是表示离心机特征的一种指标，分离因数越大，物料所受的离心力越大，固体和液体分离的效果也越好。改变离心机转筒的半径和转速，就能改变分离因数的大小。由于分离因数与转速的平方成正比，所以为了提高分离因数，改变转速的效果比改变半径的效果大得多。因此，在一般离心脱水机中，都是通过改变转筒的回转速度来提高其分离因数的。

但是，对选煤用的离心脱水机，不适当地提高其分离因数，会产生不利的影响。离心力提高以后容易把煤粒破碎，从而增加煤在滤液中的损失，而且动力消耗也会相应地加大，对设备的强度要求更高。因此应当全面考虑这些因素来决定所采用的分离因数。

在选煤厂，采用过滤原理的离心脱水机，分离因数一般为 80～200，采用沉降原理的离心脱水机，分离因数为 500～1 000。近期发展趋势是降低离心脱水机的转速，增加离心脱水机的转子半径，使分离因数为 300～500。

刮刀卸料离心脱水机简要介绍如下。

一、结构与工作原理

其工作原理与惯性卸料大致相同，主要区别在于卸料方式不同，它是用刮刀把已脱水的物料强迫排出的，以 LL-9 型螺旋刮刀卸料离心脱水机为例，其结构如图 5-1 所示。

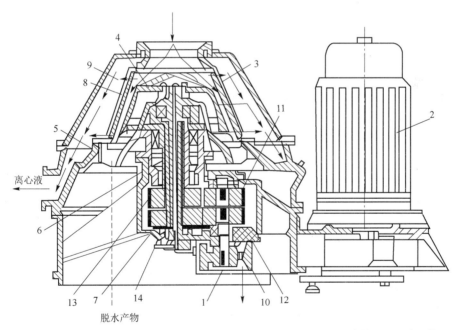

1—中间轴；2—电动机；3—筛篮；4—给料分配盘；5—钟形罩；6—空心套轴；7—垂直心轴；
8—刮刀转子；9—筛网；10—皮带轮；11，12，13，14—斜齿轮

图 5-1　LL-9 型螺旋刮刀卸料离心脱水机的结构

全机由 5 部分组成：传动系统、工作部件、机壳、隔振装置和润滑装置。机壳为不动部件，主要对筛网起保护作用，并降低从筛缝中甩出的高速水流的速

度。隔振系统用于减小离心脱水机高速旋转时对厂房造成的振动。润滑系统则保证传动系统灵活运转，传动系统和工作部件为主要部分。

（1）传动系统。如图4.1所示，LL-9型螺旋刮刀卸料离心脱水机传动系统的主要部件是一根贯穿离心脱水机的垂直心轴7，在垂直心轴7上套着空心套轴6，离心脱水机下部装有减速器。空心套轴6和垂直心轴7通过斜齿轮11、12、13、14与由电动机2带动旋转的中间轴1连接。空心套轴6与垂直心轴7分别与筛篮3和刮刀转子8相连，同时旋转，而且方向相同。斜齿轮11的齿数为72，斜齿轮12的齿数为71，斜齿轮13和14的齿数为88。所以，当中间轴1的转速为683 r/min（电动机转速为735 r/min）时，筛篮3的转速为558 r/min，刮刀转子8的转速为551 r/min，因此使筛篮3和刮刀转子8之间形成的速差为7 r/min，两者保持不大的相对运动，并决定了物料在离心脱水机中的停留时间。

（2）工作部件。工作部件由筛篮3、钟形罩5、刮刀转子8、给料分配盘4和筛网9组成。

筛篮3上有扁钢焊接成的圆环骨架，上面绕着断面为梯形的筛条，筛条由拉杆穿在一起，构成整体结构。筛篮3用螺栓安设在钟形罩5的轮缘上。钟形罩5旋转时，筛篮3便一起旋转。

筛篮3是过滤式离心脱水机的工作面，必须保证内表面呈圆形，才能保证筛面与螺旋刮刀之间的间隙。筛篮3上的筛条顺圆周方向排列，筛条缝隙通常为0.35~0.5 mm。较小的筛缝可减轻筛条的磨损，延长筛面寿命，并减少离心液中的固体含量。因此，在保证水分的前提下应尽量减小筛缝。筛篮3和刮刀之间的间隙对离心脱水机的工作有很大影响。随着间隙的减小，筛面上滞留的煤量减小，离心脱水机的负荷降低，筛网9被堵塞的现象减少，有利于脱水过程的进行。若间隙增大，筛面上将黏附一层不脱落的物料，新进入设备的料流只能沿料层滑动，一方面会加大物料移动阻力，在处理能力相同时，使之负荷增加，动力消耗增大，并增加对物料的磨碎作用；另一方面，泄出的水分必须通过该黏附的物料层，增加水分排泄阻力，降低脱水效果。因此，筛篮3和刮刀之间的间隙是离心脱水机工作中调整的主要因素之一。

（3）机壳。机壳是离心脱水机的不动部件。它包括壳盖、上部机壳、下部支承机壳及减速器机壳。下部支承机壳和减速器是用生铁铸成的一个整体，上部机壳为一个单独铸铁件。用弹性地脚螺栓把下部支承机壳牢固地固定在槽形钢梁上，钢梁承受离心脱水机的全部荷重及其工作时的全部运动冲击力。

上部机壳搁置在下部支承机壳之上，并用螺栓固定。壳盖是用钢板焊接成的组合件，用来罩住脱水的伞形筛网。壳盖起两种作用：一是保护筛网不受损伤，不被杂物堵塞和脏污；二是降低从筛缝里甩出的高速水流的速度，并使之转入排水溜槽内。更换筛网时须经常拆卸和安装壳盖，因此，它应具有质量小、强度高、装卸简便等特点。

二、常见故障处理

LL-9型螺旋刮刀卸料离心脱水机容易发生的机械故障有以下几个方面。

（1）异常声响。它多是筛篮和螺旋刮刀的配合间隙变小，产生碰撞，或者螺栓松动所造成。对前者要调好配合间隙，对后者要将螺栓拧紧。但是离心脱水机堵塞、筛篮与螺旋刮刀失去平衡，也会使离心脱水机在运转中产生异响，必须采取相应的措施排除。

（2）振动过大。发生这种现象时，首先要查看弹性地脚螺栓是否失效，筛篮与螺旋刮刀间的煤道是否堵塞，螺栓是否松动。此时要更换地脚螺栓或用清水清洗煤道，拧紧松动螺栓，以消除故障。

（3）离心液或煤中带有油花，而减速器和油箱放油孔的螺栓又未脱出时，要检查密封圈是否失效。

（4）油压系统发生故障时，要考虑油量是否不足、油质是否脏污、油管是否堵塞，此时要更换润滑油或冲洗、疏通油路。

（5）三角传送带松弛会导致筛篮和刮刀转子转速变慢，此时应调整皮带压紧轮或拧动拉紧螺栓。

知识 5.3　过滤脱水

粗粒物料和粗煤泥可用脱水筛、离心脱水机等设备进行固液分离，但对粒度为 -0.5 mm 的物料，上述设备均不能发挥作用，需用过滤脱水才能将固液分离。

在多孔的隔膜上，利用隔膜两边的压力差使煤浆中的固体和液体分开的过程称为过滤。隔膜两边的压力差是过滤过程的推动力。过滤的压力差可以采用不同的方法来达到，这些方法有正压过滤、真空过滤和离心力过滤3种。在选煤厂中，真空过滤和离心力过滤用得最多。

加压过滤机简单介绍如下。

一、工作原理

圆盘式加压过滤机是将一台特制的盘式过滤机装入一个卧式压力容器中，工作时向压力容器内充以 0.3 MPa 左右的压缩空气，盘式过滤机在此压力下进行过滤、脱水和卸料等工序，滤饼卸落后由压力容器内的刮板运输机集中运往密封排料阀。该阀由上、下两仓组成，两仓交替工作，每仓都有独立的密封装置和排料闸板，整个生产过程都是在密闭的压力容器中进行的，工作步骤与程序复杂，控制点多。全机采用自动调节和自动控制系统。

除了主机以外，尚有液压系统、高压风机、低压风机、给料泵、各种风动、电动闸门及给料机和运输机等辅助设备，如图 5-2 所示。

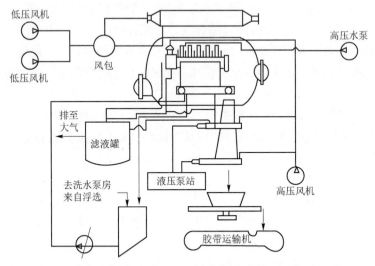

图 5-2　圆盘式加压过滤机的工作原理示意

加压过滤机工作在物料特性既定的情况下，要想改善过滤效果，提高过滤压差是最为切实有效的方法。但要把真空状态下使用的盘式过滤机改为正压状态下过滤，并应用到工业生产中却难度很大，这需要解决两个技术问题：一是由于过滤压差增大，过滤速度加快，加压过滤机的结构和性能要适应这一变化；二是在压力密封条件下，要将滤饼顺利排出且阻止压气逸出，这是加压过滤技术的关键。圆盘加压过滤机较好地解决了上述两个问题，使其成功地应用到选煤厂生产中。

二、结构和组成

圆盘式加压过滤机由加压仓、盘式过滤机、刮板运输机、密封排料装置、自动控制装置 5 部分组成。

1. 加压仓

加压仓是一个 I 类压力容器，整个加压过滤过程在此仓中进行。仓的一端为一固定封头，另一端为活封头，以便装入盘式过滤机和刮板运输机。一般检修都在仓内进行，仓内设有照明、检修平台和起重梁；为了人员和零部件退出，设有 φ1 200 mm 及 φ900 mm 入孔各一个。仓壁一侧装有观察仓内运行情况的视镜，仓顶装有安全阀。

2. 盘式过滤机

盘式过滤机置于加压仓内。加压状态下的盘式过滤机与普通的盘式真空过滤机有很大区别。首先为了适应压差的增高，滤盘需有较高的耐压强度；其次，为了减少压缩空气的消耗，将滤扇个数由通常的 10～12 片增至 20 片，并将浸入深度由 35% 左右增至 50%，即过滤槽内液位与主轴的中心线在同一水平。为此，设计了一套主轴密封装置；为适应过滤强度的增加，将滤液管断面加大了一倍，并放在主轴的外围，以便于磨损后更换；为了解决滤槽小粒度分层现象，特别研制了轴流式强力搅拌器，加强了滤槽中矿浆上、下层的对流，改善了过滤效果。

3. 密封排料装置

密封排料装置是加压过滤机的关键部件，它要求在密封状态下可靠地进行排料动作，使已脱水的滤饼顺利排出，同时使消耗的压缩空气量最少。目前应用的主要是双仓双闸板交替工作的密封排料装置，其上的两个闸板采用液压驱动，闸板上的密封采用充气橡胶密封圈。加压过滤时，加压过滤机连续工作，密封排料装置的上、下仓以间歇方式排料，最短排料周期为 50 s。

三、加压过滤机的主要特点

1. 具有高的生产能力

由于过滤渣层两侧的压差增加，生产能力得到了提高。在通常情况下，生产率可达 300～800 kg/(m^2·h)，比真空过滤机的生产率提高 4～8 倍。

2. 产品水分低

浮选精煤脱水在工作压差为 0.25 MPa 时，滤饼水分为 19%～21%；在工作压差为 0.3 MPa 时，滤饼水分为 16%～19%，比真空过滤机的滤饼水分降低 10%～13%。

3. 能耗低

加压过滤机在工作压差为 0.25 MPa 时，处理浮选精煤，其吨煤电耗只有真空过滤机的 1/4～1/3，节约了大量电能，具有显著的经济效益。

4. 全自动化操作

全机启动、工作、停止以及特殊情况下短时等待均为自动操作；液位、料位、排料周期自动调整和控制；具有自动报警及停止运转等安全装置。根据工作状态变化和用户的需要，自动程序可以很容易地进行调整。

5. 滤液浓度低

通常情况下滤液浓度为 5～15 g/t。

6. 噪声低

主机附近噪声为 645 dB。

知识 5.4　压滤脱水

随着环境保护的需要，人们提出煤泥厂内回收洗水闭路循环，使选煤厂增加了一项新任务，即对浮选尾煤进行脱水处理。

浮选尾煤的特点是粒度细、黏度大、细泥多，采用一般的脱水机械均不能满足脱水要求。由于真空过滤机是靠负压工作的，压力的上限值受大气压的限制，所以过滤的推动力不大。而压滤机是靠正压力工作的，只要机器允许，其压力可达 1 MPa，甚至更高。另外，压滤机使用的滤布大都较细，因此压滤液的浓度也较低。所以，压滤机处理细黏物料比真空过滤机有优势。

压滤机按其工作的连续性可以分为连续型和间歇型两类。连续型压滤机入料和排料同时进行，如带式压滤机。连续型压滤机通常结构复杂，至今仍然使用不多。间歇型压滤机是在进料一段时间后停止工作，将滤饼排出，完成一个循环后再重新进料，如厢式压滤机。所有压滤机都是在一定压力下进行操作的设备，适用于黏度大、粒度细、可压缩的各种物料。

一、厢式压滤机

厢式压滤脱水（简称"压滤脱水"）是借助泵或压缩空气，将固、液两相构成的矿浆在压力差的作用下，通过过滤介质（滤布）而实现固液分离的一种脱水方法。

1. 厢式压滤机的结构

厢式压滤机一般由固定尾板、活动头板、滤板、主梁、液压缸体和滤板移动装置等几部分组成。固定尾板和液压缸体固定在两根平行主梁的两端，活动头板与液压缸体中的活塞杆连接在一起，并可在主梁上滑行。其结构示意如图 5-3 所示。

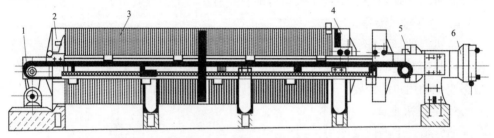

1—滤板移动装置；2—固定尾板；3—滤板；4—活动头板；5—主梁；6—液压缸体

图 5-3　箱式压滤机的结构示意

1）滤板

滤板是厢式压滤机的主要部件，其作用是在压滤过程中形成滤饼并排出滤液。滤板的两侧包裹滤布，中间有一孔眼，供矿浆通过之用。滤板上面有凹槽，滤液可由此排到滤板上的泄液口，泄液口与泄液管相通，泄液管从滤板的侧下部伸出。滤板的材质可为金属或橡胶、塑料等。滤板通过其两侧的侧耳架在主梁上，放置于固定尾板和活动头板之间。

2）滤板移动装置

滤板移动装置的作用是移动滤板。在压滤过程开始前，需将所有滤板压紧以形成滤室；在脱水过程结束，需要卸饼时，相继逐个拉伸滤板。

3）活动头板、固定尾板

活动头板、固定尾板简称头板、尾板。活动头板与液压缸体内的活塞杆连接，并通过两侧的滚轮支承在主梁上。因此，活动头板可以在主梁上滑动。固定尾板固定在主梁上。固定尾板上有入料孔，需过滤的矿浆由此给入。活动头板与固定尾板配合，将滤板压紧，形成密封的滤室。由于活动头板的运动，将滤板松开以排卸滤饼。

4）液压系统

液压系统用以控制滤板的压紧和松开，由电动机、油泵、油缸、活塞、油箱等组成。油泵常采用高、低压并联系统，高压油泵用于提高油压，低压油泵用于提高活动头板的移动速度。

2. 厢式压滤机的工作原理

当厢式压滤机工作时，由于液压缸体的作用，将所有滤板压紧在活动头板和固定尾板之间，使相邻滤板之间构成滤室，周围是密封的。矿浆由固定尾板的入料孔以一定压力给入。在所有滤室充满矿浆后，压滤过程开始，矿浆借助给料泵给入矿浆的压力进行固液分离。固体颗粒由于滤仓的阻挡留在滤室内，滤液经滤布沿滤板上的泄水沟排出。经过一段时间以后，滤液不再流出，即完成脱水过程。此时，可停止给料，通过液压系统调节，将活动头板退回原来的位置，滤板移动装置将滤板相继拉开。滤饼依靠自重脱落，并由设在下部的皮带运走。为了防止滤布孔眼堵塞，影响过滤效果，卸饼后滤布需经清洗。至此，完成了整个压滤过程。

3. 厢式压滤机的给料方式

厢式压滤机的给料方式有单段泵给料、两段泵给料和泵与空气压缩机联合给料3种形式。

4. 厢式压滤机的主要故障和处理方法

厢式压滤机的主要故障和处理方法见表5-2。

表 5-2　厢式压滤机的主要故障及处理方法

主要故障	原因	处理方法
滤液出黑水	滤布破损、泄漏	更换、缝补滤布
喷流煤泥水	滤板密封不严,板面夹有煤泥杂物,滤布褶皱和因缝补造成厚度不均	清除煤泥杂物,冲洗滤布,调平滤布
开始压滤不久,喷射煤泥水	过滤工作压力上升过快	逐步升压,泵流量可适当回流
固定尾板偏转大	滤布底部夹残存煤泥,使底部滤布增厚	冲洗滤布,改缝滤布
活动头板位移过缓	高、低压油泵上油不正常	检修滤油器,排出泵内空气,检查高、低压油泵的性能
活动头板爬行移动	液压缸体中存有空气	打开液压缸体放气螺栓,反复排气
液压缸体高压端泄压时振动噪声大	急剧关闭或打开高压油路通路产生液压冲击	调节回路侧节流阀开闭口的大小,减缓流速

二、隔膜式快速压滤机

隔膜式快速压滤机是针对浮选精煤脱水难而开发的一种新型压滤机,是在传统厢式压滤机的基础上改进而成,其结构与传统厢式压滤机相似,但压滤工艺不同,该压滤机亦适用于浮选尾矿或未浮选过的原煤泥压滤脱水。

1. 隔膜式快速压滤机的主要过滤元件——压榨板

压榨板是隔膜式快速压滤机的关键过滤元件,它由滤板、压榨隔膜板、滤布、滤液管等组成。压榨板的主要特点是在普通压滤板的两侧增加双面橡胶隔膜,同时增加压榨风进风双通道。隔膜式快速压滤机的工作原理示意如图 5-4 所示。

2. 隔膜式快速压滤机的结构及工艺特点

(1) 设备机械结构设计上采用无中间支腿大梁,彻底解决滤饼、滤液二次混污问题。

(2) 滤板采用双面隔膜,强化压榨脱水功能。

(3) 采用各自独立的多气道进风装置,提高进气速度,减少气道堵塞问题。

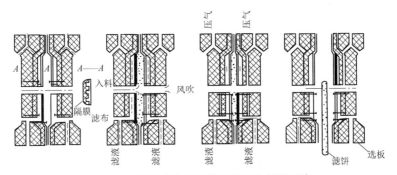

图5-4 隔膜式快速压滤机的工作原理示意

（4）采用超高分子聚乙烯滤板，减小机体质量，延长过滤介质寿命。

（5）采用高压风快速满压入料，取代传统泵压力递增式入料，采用入料过滤、吹风、压榨三级过滤取代单纯的入料过滤，从而实现快速过滤、快速脱饼、快速卸料的"三快"高效过滤工艺。

（6）压滤过程中液、气、机全部实现PC程序控制，确保系统稳定、可靠运行。

知识5.5 浓缩机

一、浓缩机的工作原理

浓缩澄清是将煤泥水分离成澄清水和稠煤浆的过程。

图5-5所示为浓缩机工作过程示意。需浓缩的煤泥水送入圆筒形容器中央的自由沉降区B，下面是过渡区C，再下是压缩区D，底层为耙子运动的锥形表面区E。在B区上面是澄清区A，澄清水流入环形槽中，作为溢流（循环水）排出。

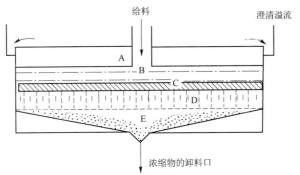

图5-5 浓缩机工作过程示意

对于一定的入料，浓缩机溢流的澄清度和底流的浓度与它们在浓缩机中停留的时间有关。显然，入料停留的时间越长，溢流越清，底流越浓。

选煤厂的浓缩作业兼具煤泥浓缩和洗水澄清两种作用，以得到稠煤浆。回收煤泥时，澄清水循环使用。当然，随着浓缩设备在工艺流程中的位置不同，在操作控制上有所差别。例如：对尾煤及原煤煤泥水的浓缩，其溢流作循环水、底流去过滤或压滤，要求溢流浓度越低越好，底流浓度越高越好；而对底流去浮选的煤泥浓缩，则要求溢流的浓度越低越好，底流的浓度符合浮选入料要求即可。在一般工作条件下，浓缩机入料中煤泥粒度应小于 0.5 mm，溢流中煤泥粒度应小于 0.05~0.1 mm。

二、耙式浓缩机

耙式浓缩机的池体一般用水泥制成，小型号的可用钢板焊制，为了便于运输物料，底部有 6°~12° 的倾角，与池底距离最近的是耙架，耙架下有副板，耙式浓缩机的给料一般是先由给料溜槽把矿浆给入池中的中心受料筒，而后再向四周辐射，矿浆中的固体颗粒逐渐浓缩沉降到底部，并由耙架下的刮板刮入池底中心的圆锥形卸料斗中，再用砂泵排出。池体的上部周边设有环形溢流槽，最终的澄清水由环形溢流槽排出，当给料量过多或沉积物浓度过大时，安全装置发出信号，通过人工手动或自动提耙装置将耙架提起，以免烧坏电动机或损坏机件。

1. 中心传动耙式浓缩机

中心传动耙式浓缩机的结构示意如图 5-6 所示。其耙臂由中心桁架支承，桁架和传动装置置于钢结构或钢筋混凝土结构的中心柱上，由电动机带动的涡轮减速器的输出轴上安有齿轮，它和内齿圈啮合，内齿圈和稳流筒连在一起，通过它带动中心旋转架绕中心柱旋转，再带动耙架旋转。可以把一对较长的耙架的横断面做成三角形，三角形的斜边两端用铰链和旋转架连接，因为是铰链连接，耙架便可绕三角形斜边转动，当发生淤耙时，耙架受到的阻力增大，通过铰链的作用，可以使耙架向上、向后提起。

2. 周边传动耙式浓缩机

周边传动耙式浓缩机的结构示意如图 5-7 所示。池体中心有一个钢筋混凝土支柱，耙架一端借助特殊轴承，置于中心支柱上，其另一端与传动小车相连，小车上的辊轮由固定在小车上的电动机经减速器、齿轮齿条传动装置驱动，使其在轨道上滚动，带动耙架回转。为了向电动机供电，在中心支柱上装有环形接点，而沿环滑动的集电接点则与耙架相连，将电流引入电动机。

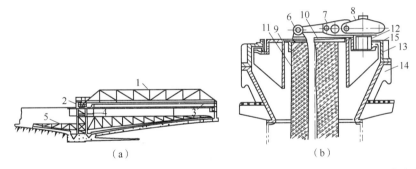

1—桁架；2—传动装置；3—溜槽；4—给料井；5—耙架；6—电动机；7—减速器；8—涡轮减速器；
9—底座；10—座盖；11—混凝土支柱；12—齿轮；13—内齿圈；14—稳流桶；15—滚球

图 5-6　中心传动耙式浓缩机及其传动机构的结构示意
（a）中心传动耙式浓缩机的结构示意；（b）中心传动耙式浓缩机传动机构的结构示意

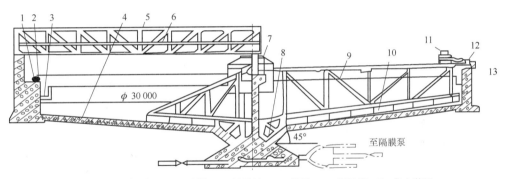

1—齿条；2—轨道；3—溢流槽；4—浓缩池；5—托架；6—给料槽；7—集电装置；
8—卸料口；9—耙架；10—刮板；11—传动小车；12—辊轮；13—齿轮

图 5-7　周边传动耙式浓缩机的结构示意

借助辊轮和轨道间的摩擦力而传动的周边传动耙式浓缩机，不需设特殊的安全装置，因为当耙架所受阻力过大时，辊轮会自动打滑，耙架就停止前进。但这种浓缩机仅适用于较小规格，而且不适用于冻冰的北方。在直径较大的周边传动耙式浓缩机上，与轨道并列安装有固定齿条。传动装置的齿轮减速器上有一小齿轮与齿条啮合，带动小车运转，在这种浓缩机上要设过负荷继电器来保护电动机和耙架。

三、高效浓缩机

高效浓缩机（见图 5-8）与普通耙式浓缩机的主要区别在于入料方式不同且加入倾斜板。普通浓缩机的入料方式是煤泥水从池中心直接给入，由于水流速度很大，煤泥不能充分沉淀，部分沉淀的煤泥层会受到液流的冲击而遭到破坏。

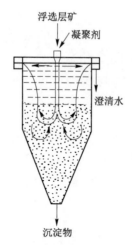

图 5-8　高效浓缩机的工作原理示意

高效浓缩机的入料方式是煤泥水直接给到浓缩机布料筒液面下一定深处，当煤泥水由布料筒流出时，呈辐射状水平流，流速变缓，有助于煤泥颗粒沉降，提高了沉降效果。另外，煤泥水由布料筒底部流出，缩短了煤泥沉降至池底的距离，增加了煤泥上浮进入溢流的阻力，从而使大部分煤泥进入池底。在相同的条件下，高效浓缩机的处理能力比普通耙式浓缩机的处理能力约提高3倍。

四、深锥浓缩机

深锥浓缩机为上部圆筒形、下部圆锥形的机体。顾名思义，其锥体较深。在添加絮凝剂的条件下，浮选尾煤送入下部带锥形分配口的入料筒。煤泥水中的大部分水在深锥浓缩机圆筒部分的澄清区内流向周边溢出，小部分在絮团沉降区内形成小涡流。在机体的圆锥部分即压缩区内，沉淀物在重力作用下进行压缩，由底流口放出或用泵抽出。深锥浓缩机的直径为 6~10 m，圆筒部分高 6~7 m，圆锥部分高 7~8 m。

深锥浓缩机锥体较深，沉淀物在锥体底部承受大的重力压缩作用，使底流的固体含量很高。根据尾煤特性和底流排料量的不同，底流固体含量为 200~800 g/L。如对絮凝后的沉淀物施加轻微搅拌，其压缩程度会更高，所以有的深锥浓缩机在锥体部分装有搅拌装置，以利于沉淀物继续脱水。

【技能任务】

任务 5.1　离心脱水机的操作

一、工作前的准备（对设备进行检查）

（1）给料管、排料管溜槽及离心液水槽应畅通，无物料堆积。

（2）各检测仪表如电流表、油压表、油温表、电压表完好，各阀门应开启灵活。

（3）转动部位应无接触、摩擦，运转灵活，筛篮或转筒无破损。

（4）润滑油箱、油量、油质应符合要求，无漏油现象。

（5）减振橡胶应齐全，无破损、老化现象，工作可靠。

（6）扭矩传感过载保护、电控系统应完好无损坏。

二、正常操作规程

（1）选择"自动/手动"开关到"手动"位置，这时"手动"指示灯亮。

（2）开启集中供油油泵，待油路运转正常后，开启主机，待主机开动正常后给料。

（3）开车后轴承润滑压力不小于额定值，润滑系统出油温度不小于额定值，注意观察电流表指示和扭矩记录器的变化情况，注意倾听设备有无异响，并用手触摸设备外壳，检查有无强烈振动，若发现问题应及时处理。

（4）经常检查脱水后产品水分，离心液的流量、浓度、固体的粒度组成并分析其工作状况，判断溢流堰板是否合适，筛网是否堵塞。

（5）严禁铁器、杂物和大块煤进入离心脱水机，以免损坏筛篮或耐磨瓷片，发现时立即停车。

三、停车后应做的工作

（1）接到停车信号后应先停止给料，待物料卸尽后，用来料循环水将筛篮或转筒冲洗干净再停车，最后停止供油系统。

(2) 清理机体上的积煤及油污。

(3) 检查各部位情况，有无松动异响，若发现问题应及时处理。

(4) 检查三角传送的带的松紧、电动机温度。

(5) 利用停车时间进行设备的维护、保养，处理运行中出现的和停车后检查出的设备问题。

四、岗位作业标准

开车前要先检查，听到信号看油压；
铁器木头须除掉，发现跑偏要停车；
跑粗要把筛网查，处理之后再开车；
停车前要先停料，日常检修要搞好。

五、手指口述工作法

手指口述内容包括：溜槽、管路、离心脱水机部件、油位、皮带、仪表、控制按钮、闭锁关系、操作柜。

1. 交接班手指口述

(1) 溜槽、管路畅通、无堵塞、物料无堆积，确认完毕。

(2) 离心脱水机部件完好，无螺丝松动，无声音异常，筛篮、筛网无破损，确认完毕。

(3) 仪表完好，油位充足，轴承润滑，齿轮啮合良好，皮带松弛适度，无打滑、断裂现象，确认完毕。

(4) 操作柜控制按钮灵活可靠，闭锁关系正常，确认完毕。

(5) 地面无积水，设备无积尘、油污，确认完毕，正常接班。

2. 开车手指口述

(1) 溜槽、管路畅通、无堵塞、物料无堆积，确认完毕。

(2) 离心脱水机部件完好，无螺丝松动，筛篮、筛网无破损，确认完毕。

(3) 仪表完好，油位充足，轴承润滑，齿轮啮合良好，皮带松弛适度，无打滑、断裂现象，确认完毕。

(4) 闭锁关系正常，操作柜控制按钮灵活可靠，已复位，确认完毕。

(5) 接到开车信号且下一级设备开启后空载开车。

(6) 开车顺序：油泵电动机、旋转电动机、振动电动机。

3. 运行过程手指口述

(1) 溜槽、管路畅通、无堵塞，确认完毕。

（2）离心脱水机部件完好，运转平稳，振幅效果良好，无螺丝松动，无声音异常，确认完毕。

（3）操作柜指示灯显示正常，仪表指示在合理范围内，油位充足，皮带松紧适度，无打滑、断裂现象，确认完毕。

（4）产品水分、离心液固体含量指标符合工艺要求，设备、管路、溜槽无跑冒滴漏现象，确认完毕。

4. 停车手指口述

（1）接到停车信号且上一级设备停稳后空载停车，确认完毕。

（2）停车顺序：振动电动机、旋转电动机、油泵电动机。

任务 5.2　加压过滤机的操作

一、操作方式

加压过滤机的操作方式分为程控和调试两种，由设在控制柜上的转换开关 SA1 选定。正常情况下采用程控方式，设备检修试车时采用调试方式。

程控方式又分为自动方式和手动方式两种，可在上位机主控画面内进行选择。正常情况下采用自动方式，系统调试及故障诊断时采用手动方式。

二、操作前的检查

（1）按《选煤厂机电设备检查通则》的要求对设备作一般性检查。

（2）滤扇不应变形，安装平整，滤布无破损和堵塞现象，刮刀位置合适。

（3）搅拌器不应压住，工作灵活可靠。

（4）刮板机链条松紧合适。

（5）排料闸板滑道通畅，无卡阻。

（6）煤、水、气、油管道无漏水、漏气、漏油现象。

（7）各阀门应严密、灵活、好用，并处在停车时应有的开关位置。

（8）汽水分离器无漏水、堵塞现象。

（9）各处紧固螺钉及紧固件不应松动脱落。

（10）各注油点油位正常。

（11）各部位传感器齐全、完好、可靠。

三、程控开车前的准备

(1) 送电操作:
①依次合控制电源,给料泵、刮板机、高压风机电源开关(跳汰 32P 内)。
②依次合动力柜、控制柜、变频柜各分路开关(控制室内)。
③将控制电源钥匙开关 SA2 旋至"通"位置,控制电源、IPC、PLC 电源指示灯亮。
④合 UPS 电源,合上位机机箱电源,上位机启动并自动进入 FIX 主控画面,当屏幕出现"OK"字样时,上位机启动结束。
(2) 将控制方式选择开关 SA1 打到程控位置。
(3) 将给料泵运行选择开关 XK 打到程控位置。
(4) 在主控画面中,单击操纵方式选项按钮,在子画面中选择自动、反吹、正常运转选项。
(5) 在主控画面中,单击参数设定选项按钮,在子画面中对 SP(设定值)及 PID 调节参数进行初设,初设值如下:
①反吹压力:
SP 值:0.45 MPa;
PID 调节参数:$P=10$,$I=20$,$D=10$。
②加压仓压力:
SP 值:0.4 MPa;
PID 调节参数:$P=200$,$I=20$,$D=10$。
③储浆槽液位:
SP 值:650 mm;
PID 调节参数:$P=200$,$I=20$,$D=10$。
④主轴转速:0.8 r/min。

四、程控开车

(1) 按下预告信号按钮,向生产现场发出启动车预告信号。
(2) 观察信号柜上所有应答信号指示灯全亮后,按下启动按钮,系统开始启动。
(3) 若生产现场没有应答信号返回或没有全部返回,则禁止启动,在按预告信号按钮,直至应答灯全亮后,方可启动。
(4) 当高压风机启动后,人工开启低压风手动进气阀门。
(5) 当启动按钮指示灯停闪,运行指示灯闪亮后,启动过程结束。

(6) 按下信号复位按钮。

五、程控运行

(1) 在运行中,应经常观察主控画面中的反吹风压力、加压仓压力、储浆槽液位、下仓料位、排料周期、报警等参数信息,并根据排料情况及时调整。

(2) 系统在运行中,若设备或环节出现故障,可按等待按钮进入等待状态,故障处理好后,再按继续按钮恢复运行。

(3) 系统在运行时,若高压风机、液压站油泵工作压力低于规定值,应进入等待状态进行调整和处理。

(4) 运行中,当出现给料泵不上料时,应进行缓泵操作,操作方法分手动和自动两种,分述如下:

①手动:进入等待状态→选择手动方式→手动关闭入料阀→手动停、开料泵数次→手动开入料阀→选择自动方式→入料正常后,按继续按钮,解除等待。

②自动:进入等待状态→选择手动入料方式→停、开入料泵数次→入料正常后,按继续按钮恢复运行→运行中,应经常对液压站、排料装置、气控装置、管路等进行巡视,如发现异常应及时停车处理→运行中,如上位机出现黑屏,可按"Ctrl+0"组合键恢复屏显。

六、程控正常停车

(1) 接到停车命令后,按下停车按钮,停车按钮指示灯闪亮。
(2) 下滤液阀关闭后,联系停低压风机,关闭加压仓手动进气阀门。
(3) 当停车按钮指示灯停闪后,停车过程结束。
(4) 联系停底流泵。

七、就地操作

当生产现场设备检修完毕,请求就地试车时,可将控制方式选择开关 SA1 打到"调试"位置,但应在程控停车后进行操作。

八、清洗

清洗滤板应在程控停车后进行,操作顺序如下:
(1) 将控制方式选择开关 SA1 打到"调试"位置。
(2) 开清水泵。

(3) 开清洗阀，开主轴，开槽放空阀（在入仓控制箱上操作）。

(4) 清洗完毕后，关清洗阀、主轴及槽放空阀。

(5) 停清洗泵。

九、特殊故障的处理

系统在运行过程中，如 PLC 程序执行紊乱，则需对 PLC 进行复位操作，复位操作分两种情况，分析如下：

(1) 低压风机已启动，加压仓及下仓无压时，可直接按复位按钮，复位后重新启动。

(2) 低压风机已启动，加压仓及下仓有压时，应先联系停低压风机（或关闭加压仓手动进气阀门），然后选择手动方式，开下仓充气阀及下仓放气阀，待加压仓及下仓无压后，再进行复位操作。待系统恢复正常后再进行其他操作。

十、操作注意事项

(1) 操作人员在开车前应认真检查并核查加压仓内确无工作人员，入孔确已关好。

(2) 检修人员进入仓内作业必须停机停电，必须到控制室进行控制，并在仓口设专责监护人一名，工作完毕人员全部撤出后，再到控制室注销登记。

(3) 设备检修或处理故障时必须到配电室或控制室办理停电手续，切断电源。

(4) 刮板机、入料泵、高压风机停车后重新启动时，应先向现场发启动预告信号。

(5) 未经许可，不准擅自退出主控画面，进行其他操作。

(6) 未经许可，不准随意删除报警表中的内容。

(7) 不要轻易对系统进行复位，复位要严格按要求进行。

(8) 运行中，不要运行其他软件，否则容易造成死机或影响监控。

(9) 工控机内不准安装其他软件，不准对机内各软件进行复制、删除、移动等操作，以免影响工控机软件的运行。

(10) 控制室内要注意防尘，保持室内清洁。

(11) 控制室的环境温度不准超过 25℃。

(12) 控制室内要配备一定数量的灭火器和灭火用砂。

十一、维护与保养

（1）长期停车时滤布必须冲洗干净，槽体内、排水器内必须排尽积水，刮板机排料装置中应排尽物料。

（2）工作完毕后应打开入孔，打开排料装置的上、下闸板，以排出仓内潮气。

（3）定期检查干油泵、主轴减速器及液压站油量，当低于正常油位时应及时加油，各减速器首次使用时应在两周时换油一次，以后应在 3~6 个月换油一次，排料装置的托辊、主轴的滚动轴承、刮板机的头轮组及尾轮组加黄油，每月加油一次。

润滑油（脂）规格如下：

①干油泵：钙钠基压延机润滑脂 ZGN40-1，针入度>300，最大加油量为 10 L；

②主轴减速器：工业极压齿轮油 N150 加油量按油标刻度；

③刮板机减速器：工业极压齿轮油 N150；

④加油量：按油标刻度；

⑤液压站：枕磨液压油 N32。

（4）每周应检查清理以下部位：过滤机的卸料槽、主轴的密封、排料装置排料道上的煤泥、排料装置托辊的加油每 3~5 天进行一次，每次旋转螺栓一圈，当螺栓旋到底时，在工作结束后，卸下螺栓加入黄油，再旋入螺孔中。

（5）检查滤布和漏扇，若发现损坏应及时更换，更换后应保持滤盘和刮刀的原有间隙，在装配滤布时必须拉紧滤布。

（6）当主轴密封进行调节后仍泄漏时，应更换新盘根，型号为浸油石棉盘根 F19（长 32m/台）。

（7）上、下闸板用的密封圈失败后，应及时更换。更换时，用手动方式打开上、下闸板，切断泵站电源，解开上部固定螺母，从下部取出密封圈，再装入新件，固定时密封圈与闸板间一定要有均匀的 2~3mm 间隙。

（8）定期检查各种执行阀门，如有损坏应及时更换与原型号规格相同的阀门。

（9）定期检查并排放过滤器，储风管、高压风机风包，反吹风包中的积水。

（10）所有电控柜（箱）要定期除尘，每月一次。

补充规定：

若试车过程出现的新情况与原设计相比出现如下变动：

（1）加压过滤机的入料改为泵出料（弧形筛下水）；

（2）排料系统增加圆盘给料机排料（就地操作）与刮板机联锁；

(3) 小池煤泥水辅加聚丙烯酰胺和聚合氯化铝溶液,增强过滤效果。
则加压过滤机在操作中作如下调整:

(1) 每次开车前由主控室人员通知三层岗位人员按规定配制齐全聚丙烯酰胺和聚合氯化铝溶液,并按规定量掺入小池煤泥水中。

(2) 通知二层岗位人员将圆盘给料机就地开启,确认无误后方可集中开车。

(3) 在系统停机后,要及时通知三层岗位人员关闭加药阀门。二层岗位人员在圆盘给料机给尽料后停机,并及时通知泵房将出料打至二次浓缩方向。

(4) 检修、维护、处理设备问题、清理岗位卫生,应按规定办理停送电手续,如需进入机内操作必须停机停电。

十二、手指口述工作法

手指口述内容包括:入料泵、入料池、清水池、消防器材、排料圆盘给料机、高压风机、液压站、加压过滤机、反吹风阀门、计算机程序。

1. 交接班手指口述

(1) 入料泵、清水泵运转正常,入料池、清水池液位满足要求,确认完毕。

(2) 排料圆盘给料机运行正常,确认完毕。

(3) 高压风机、液压站运行正常,确认完毕。

(4) 加压过滤机滤板无变形,溜槽无堆积,确保过滤及脱饼效果良好,确认完毕。

(5) 各自动程序及部件灵敏可靠,管路无跑冒滴漏,确认完毕。

(6) 操作室记录齐全,确认完毕。

2. 开车前手指口述

(1) 液压站和减速器油位足够,油泵工作正常,确认完毕。

(2) 各阀门无损坏,确认完毕。

(3) 经查看、喊话确定加压仓内无人,加压过滤机及附属设备无人检修,关闭加压仓仓门及手动放气阀,并且确认关并且密封良好,开启手动进气阀,确认完毕。

3. 运行过程手指口述

(1) 给入料泵变频器送电,确认完毕。

(2) 开启高压风机,压力达到 700 kPa,确认完毕。

(3) 电脑显示屏系统复位,调整参考数值到规定要求,发出自动开车信号,确认完毕。

(4) 联系风机房,开启风机,系统自动运行,开始工作,确认完毕。

(5) 入料泵上料正常,仓内压力正常,反吹正常,确认完毕。

(6) 做好巡回检查,及时与压风机房和调度联系,确认完毕。

(7) 做好开车过程中的运行记录。

4. 停车手指口述

(1) 接到停车指令后,先观看加压入料池是否拉空,确认拉空后可进行下一步操作,确认完毕。

(2) 仓内液位低于 300 mm,确认完毕。

(3) 联系压风机司机停低压风机,确认完毕。

(4) 按停车按钮,等待设备排完最后一仓,仓内压力为零,按手动按钮。

(5) 停止入料泵,打开下仓放气阀,如果槽体还有液位,打开槽放空阀,打开仓放空阀,放掉下密封阀的气,拉开下闸板,系统复位,将程控按钮打到"就地位置",确认完毕。

(6) 打开手动放空阀,关闭加压仓内进气阀,停入料泵变频器,放空入料池内的料,确认完毕。

(7) 补满清水池水,开启清水泵,清洗滤布溜槽。

(8) 停高压风机,确认完毕。

十三、岗位作业标准

上下流程要熟悉,设备原理要清楚;
仓内杂物要清理,滤扇滤布要检查;
听到信号再启动,仪器仪表要看懂;
遇到异常要汇报,检修要停机停电。

任务 5.3　浓缩机的操作

一、工作前的准备

(1) 了解煤入洗量情况、加药情况及其他作业用水情况。

(2) 来料水槽、管道、阀门应通畅、严密,确保各阀门处于正确的开闭位置。

(3) 溢流水槽应通畅,溢流堰应平整,无煤泥堆积现象。

(4) 对浓缩机进一步检查:

①浓缩机的行车轨道应平整、牢固、无打滑现象;

②中心环的密封应完好,不能有煤泥水溅入;

③减速器、齿轮应润滑良好,不缺油脂。

二、正常操作规程

（1）浓缩机开车前应先补满水，以保证有溢流。

（2）非特殊情况一般不停车，如需停车，联系好方可进行。

（3）根据溢流和底流浓度情况，控制底流排放速度，适当加入絮凝剂，确定洗水浓度符合要求。

（4）与压滤机司机联系好，注意检查底流的粒度组成，若发现跑粗应立即与高频筛及末煤有关岗位联系，检查分析原因，积极采取措施解决。

（5）入料水管应装箅子，严防各类杂物进入浓缩机，造成堵管路、堵泵等事故。

（6）密切注意耙子的运转情况，检查是否有跳动和打滑现象及异常音响，若出现异常要检查分析原因，不可大意，防止压耙和卡耙。

（7）注意检查中心滑环的工作和密封情况，严防滴水或煤泥水溅入而引起短路。

（8）注意检查轨道是否平整，接头是否松动，托轮运行是否平衡。

（9）浓缩池周边不许堆放物品，以防落入池内造成事故。

（10）注意检查电动机、减速器及齿轮的工作情况、温升、响声有无异常。

三、操作后应做的工作

（1）如需停车处理故障，必须在煤泥层厚度小于 200mm 时方可进行。

（2）各处阀门应灵活好用，位置正确，溜槽畅通，机电设备应良好。

（3）利用停车时间进行设备的维护与保养，处理运行中出现或停车时查出的问题。

（4）按"四无""五不漏"要求，搞好设备和环境卫生。

（5）按规定做好运转记录，做好交接班工作。

四、岗位作业标准

劳动保护穿戴齐，接班制度要严格；
来料溢流槽畅通，耙子高度要合适；
行车轨道平整牢，托轮磨损不过度；
运转正常不跳动，不超负荷不刮帮；
温度声音都正常，底流排放速度匀；
工作记录认真填，特殊情况特殊待。

五、手指口述工作法

手指口述内容包括：浓缩机部件、减速器、电动机、信号、仪表、操作箱。

1. 交接班手指口述

（1）浓缩机运转情况正常，确认完毕。
（2）池中水位正常，确认完毕。
（3）电流表在指示范围内，电流稳定，确认完毕。
（4）用探杆探煤泥浓度，无积压现象，确认完毕。

2. 运行过程手指口述

（1）底流泵开启过程中，要经常观察上料电流的大小，若发现异常应及时与相关岗位联系，避免管路堵塞，确认完毕。
（2）观察耙子是否运转正常，根据电流表显示判断负荷大小，严防压耙，确认完毕。
（3）保证溢流符合规定工艺要求，确认完毕。
（4）在运转中要防止金属、石块、棉纱、皮带等杂物进入池中，保证设备正常运转，确认完毕。

3. 停车手指口述

后续设备停车时，溢流浓度应符合工艺要求，浓缩机电动机电流降到安全范围，确认完毕。

任务 5.4　压滤机司机的操作

一、一般要求

（1）压滤机司机应经过培训，持证上岗。
（2）压滤机司机应熟悉压滤机的工作原理和性能，经考试合格，方可上岗操作。

二、开车前的检查

（1）开车前要对主梁、油缸、头尾、滤布以及拉板装置、阻止角方位进行检查，检查拉板等限位开关和报警是否正常就位。
（2）检查油箱、油泵、油位、压力表是否正常。

(3) 检查油发动机、油缸、油管等有无渗油、损坏现象。

(4) 检查操作台、电缆、防护装置是否完整、齐全正常。

三、开车前的联系

开车前应与给料泵、下部煤泥皮带司机取得联系，并且询问矿浆的搅拌程度和浓度情况，一切正常后方可操作。

四、开车操作

1. 接通电源

在压滤机电气控制柜的配电盘上顺次合上总开关、电动机、电磁阀、控制电源的开关，按电源接通按钮。

2. 压紧滤板

按机头压紧按钮，压紧滤板指示灯亮，达到一定压力后，滤板停止移动，落下止推器，准备给料压滤。

3. 给料压滤

头板压紧以后，要求入料浓度应保持在 500 g/L，如果浓度达不到要求，应加絮凝剂，通知低压给料泵启动，进行加压过滤，当低压给料泵供料达到 3 kg/cm^2 左右时，为了保证供料的连续性，必须在高压供料后，高压泵加压过滤，才能关闭低压泵。

4. 松开滤板

松开滤板前，先与压滤机下部煤泥皮带司机取得联系，待皮带机打开后，根据滤板情况，确定压滤结束后，提起止推器，方可按机头松开按钮。

五、拉板卸料

(1) 待头板松开到停止移动后，压滤机开始自动拉板卸料，在拉板过程中，煤饼应脱落干净，遇到粘连滤布或脱落不干净时，应人工辅助脱落在滤液松中的煤饼，应随时清理干净，防止污染滤液。

(2) 每卸完一块滤饼，应注意检查滤布。破坏严重时，应及时更换。

(3) 每当滤板合拢时，注意观察滤布不能打折、重叠，四边必须平整，并清除滤布底边煤泥，防止滤布夹煤，造成缝隙喷水。

(4) 当滤布上的煤饼全部卸完之后，压滤机的一次工作循环结束。

六、停车

按开车的反顺序停车。

七、注意事项

（1）将入料浓度控制在 300~600 g/L，尽量取高些，以缩短压滤时间，提高设备能力。

（2）入料压力一般为 5~7 kg/cm²，特殊情况可适当进行增减。

（3）入料粒度应小于 0.3 mm，并防止大粒度、铁块、木棍、树枝进入。

（4）压滤时间：入滤浓度在 300~600 g/L 范围内，一般为 40~100 min，酌情掌握。

（5）入料压力一般为 5~7 kg/cm²，液压系统工作的正常压力为 96~115 kg/cm²。

（6）卸料时间：吹残液不得超过 3 min，卸料为 20 min。

（7）滤布应保持透水性良好，一般在 10~20 个循环内冲洗一次。有严重污染滤布情况时应及时冲洗。

八、维护与保养

（1）经常检查滤板的工作情况，如有破损，应查明原因，排除故障并更换滤板。

（2）经常检查滤布的工作情况，如有破漏，应及时更换缝补。缝补滤布时，应先将破处、漏处剪掉，然后缝补，在封面部位应防止重叠缝补，以免增加滤布厚度。

（3）检查滤板密封垫，如有破损和老化，应及时更换。

（4）应定期检查滤网的工作情况，如有严重损坏，应及时更换。

（5）要经常检查尾板、底座的地脚螺栓和地基，如有变形，应立即调整。

（6）定期更换各轴承和摩擦部门的润滑脂，消除运动链的噪声，减少接触体的磨损。

（7）避免液压系统和油缸部分漏油，经常保持整洁，严防煤泥杂物进入液压系统，加油时进行过滤加入。

（8）液压系统使用设备说明书指定用油，如油温较低，可用加热器提高油温，防止油路系统动作迟缓。

（9）经常检查继电器动作的灵敏性。

(10) 若发现较大问题,要及时汇报处理。

九、故障的处理方法

1. 滤液出黑水

原因:滤布破损泄漏。

处理:更换或缝补滤布。

2. 喷煤泥水

原因:滤布密封不严,板面有煤泥杂物,滤布褶皱和滤布厚度不匀。

处理:清除煤泥、杂物,清洗滤布,调平滤布。

3. 开始压滤不久喷射煤泥水

原因:过滤工作压力上升过快。

处理:降低压力上升速度,泵流量可适当调大回流。

4. 尾板偏角大

原因:滤板底部夹有残存煤泥,底部滤布增厚。

处理:冲洗、改缝滤布。

5. 油缸高压端调压时振动噪声大

原因:急剧关闭或打开高压油通路,产生液压冲击。

处理:调节回路侧节流阀开闭口大小,减缓流速。

6. 拉板过慢或不动

原因:溢流阀溢流过大,使油路压力降低。

处理:调节溢流量,适当减小溢流量。

7. 拉板空运转时正常,但压滤泥饼拉板时,拉板不动

原因:带负荷后,拉板阻力增大。

处理:适当增大油路压力。

8. 检修、维护、处理设备问题、清理岗位卫生

应按规定办理停送电手续,如需进入机内操作必须停机停电。

十、岗位作业标准

压滤机似把关机,操作规程心中记;
开车前要勤检查,液压电控切莫忘;
压紧滤板再给料,卸饼后把滤布清;
运行记录填写好,你来我走把班交。

十一、手指口述工作法

手指口述内容包括：压滤机部件、仪表、限位开关、阀门、滤板、滤布、滤液管、信号、操作箱。

1. 交接班手指口述

(1) 液压泵站工作压力正常，仪表显示正常，限位开关灵活可靠，确认完毕。

(2) 各处螺钉及紧固件无松动脱落，液压系统各油管、压滤机入料管、溢流管、风管及接头无漏水、漏油、漏气现象，管路无破裂，阀体无泄漏，确认完毕。

(3) 进料泵进料压力、流量正常，确认完毕。

(4) 卸料系统操作正常，确认完毕。

(5) 滤板无破损、变形，滤布无破损折叠，滤板周边不粘煤，入料孔畅通，滤液槽无堵塞及杂物，滤板排列整齐，两侧宽窄一致，确认完毕。

(6) 闭锁关系正常，操作柜正常，确认完毕。

(7) 手动、自动转换开关灵活可靠，急停按钮正常，确认完毕。

(8) 地面无积水，设备无积尘、油污，确认完毕，可以接班进行正常操作。

2. 开车手指口述

(1) 接到开车信号，下序设备开启，风压达到 1 MPa，确认完毕。

(2) 液压泵站工作压力正常，仪表显示正常，限位开关灵活可靠，确认完毕。

(3) 压滤机及附属设施运行正常后，发信号，确认完毕。

3. 运行过程手指口述

(1) 液压泵站工作压力正常，仪表显示正常，限位开关灵活可靠，确认完毕。

(2) 各处螺钉及紧固件无松动脱落，液压系统各油管、压滤机入料管、溢流管、风管及接头无漏水、漏油、漏气现象，管路无破裂，阀体无泄漏，确认完毕。

(3) 设备运行正常，供料充足，工作效果良好，确认完毕。

4. 停车手指口述

(1) 接到停车信号，上序设备停稳，确认完毕，可以停车。

(2) 将滤饼卸完后，把滤布冲洗干净，将压滤机恢复到压紧状态，确认完毕。

模块六

技术检查

【基础知识】

选煤厂技术检查包括日常生产检查、月综合试验、商品煤数量和质量检查、设备工艺性能评定和生产系统检查。具体的检查项目应根据选煤工艺流程、设备情况确定。技术检查是选煤厂生产管理和技术管理的耳目，它起到监督、检查、指导选煤厂生产的重要作用。技术检查既能反映生产过程质量指标的变化，又能及时了解销售煤的质量情况。

一、日常生产检查

为了调节生产，评定各班生产成绩，分析生产情况，按规定项目进行的快速检查、班检查和日检查称为日常生产检查。它着重对加工原料煤、各种中间产物和操作条件进行快速检查，目的是指导生产操作，控制生产指标。日常生产检查的特点是快速报出结果，因此操作比较简单，允许采用的试验方法的精密度稍低一些，允许利用同一原始煤样进行多种试验。

日常生产检查的试验项目包括快速测灰、快速浮沉、测流量、测浓度、计量等。选煤厂日常生产检查内容、试验项目和要求应根据选煤厂生产工艺流程、煤质特征和生产特点制定，绘制出日常生产检查流程图，标明采样点、计量点、试验分析项目等。

1. 快速检查项目及目的

（1）对重选主、再选精煤（分台），浮选精煤和煤泥回收筛精煤每 40～60 min 和 1～2 h 测一次快灰，浮选入料和尾煤每 2～8 h 测一次快灰。目的是严格控制精煤中间产物的质量，以保证最终精煤合格。

（2）对入选原料煤主、再选精煤、中煤、矸石分别做快速浮沉试验。入选原料煤每 2～4 h 做一次三级浮沉，主、再选精煤每 30～40 min 做一次三级浮沉，中煤每 1～2 h 做一次一级或三级浮沉，矸石每 2～4 h 做一次一级或三级浮沉。快速浮沉试验的目的是根据快浮和快灰结果分析产物污染和损失，及时指导选煤司机的操作。

(3) 最终精煤在装仓前每 40~60 min 测一次快灰,目的是决定入仓的仓位,预测精煤灰分,以保证销售精煤质量合格和稳定。

(4) 洗水浓度根据需要进行抽查或定时测定。洗水浓度小于 80 g/L 时可以每班测 2 次,即接班后 1 h、4 h 各测一次。洗水浓度大于 80 g/L 或更高时,每小时测定一次或测定得更勤一些。

(5) 悬浮液密度采用密度级连续测定。重介选煤厂的重介质分选机的工作介质、稀介质和浓介质的密度应连续测定,以便及时进行调整,使重介质分选机生产出质量稳定的产品。重介系统添加的磁铁矿粉要计量,以了解加重质的消耗。这项工作可由重介选煤司机自检或自动检测。

(6) 浓缩、澄清设备的入料、溢流和底流,煤泥沉淀池的入料、逆流,浮选入料、尾煤,离心脱水机的离心液,过滤机的滤液都应按要求测定浓度。对出厂煤泥水要测流量,记录放水时间,计算出煤泥的流失和水的流失。

2. 班检查和日检查

快速检查所采取的煤样,按规程缩分出一部分留作班、日、月综合煤样,分别做班、日、月综合试验和分析,供分析班、日、月生产情况。

1) 班检查

(1) 入选原料煤和各种选煤最终产品班积累煤样做灰分测定。根据需要还可做入选原料煤低于分选密度的上浮物灰分测定。

(2) 浮选入料、精煤、尾煤及煤泥回收筛精煤班积累煤样做灰分测定。

(3) 煤泥分选机的原料、精煤、尾煤的班积累煤样做灰分测定。

2) 日检查

(1) 用加权平均或算术平均方法计算入选原料煤、洗选最终产品和中间产物的灰分;洗水、沉淀池溢流的固体含量;浮选入料和尾煤的固体含量;浮选和煤泥分选机原料、精煤、尾煤和煤泥回收筛精煤灰分。

(2) 检查当日入厂原料煤的分煤层(主要对露天开采的多煤层)或分矿的比例,见表 6-1。

表 6-1 快速检查项目

煤样名称		试验项目	试验用煤样质量或体积	试验时间间隔
入选原料		快速浮沉	3~5 kg	2~4 h
重选	精煤	快速浮沉	2 kg	30~40 min
		快速灰分	2 kg	40~60 min
	中煤	快速浮沉	2 kg	1~2 h
	矸石	快速浮沉	3~4 kg	2~4 h

续表

煤样名称	试验项目	试验用煤样质量或体积	试验时间间隔
再选原料煤	快速浮沉	4~5 kg	抽查
入仓精煤	快速灰分	3 kg	40~60 min
浮选入料、煤泥回收筛精煤	快速灰分	2~3 kg	1~2 h
浮选入料、尾煤	快速灰分	0.5 kg	2~8 h
洗水	固体含量	1~4 L	抽查
浮选入料	固体含量	1 L	1 h
尾煤水	固体含量	1 L	8 h
浓缩设备入料、溢流、底流	固体含量	1 L	根据需要确定
煤泥沉淀池入料、溢流	固体含量、灰分	1 L	根据需要确定
粒级煤	限下率	100 g	根据需要确定

二、月综合试验

为了分析、评定、总结每月选煤生产情况和主要技术指标完成情况，制定下一步工作和生产计划所进行的一个月积累煤样的试验和分析称为月综合试验，月综合试验结果作为选煤厂的技术资料存档。

月综合报告应包括以下 7 个方面的内容：

(1) 选煤厂主要技术经济指标完成情况。

①精煤产量 (t) ——说明完成商品煤量情况；

②精煤产率、精煤数量效率、中煤中精煤损失率、矸石中精煤损失率 (%) ——说明精煤回收情况、数量效率高低；

③精煤灰分、精煤 (商品煤) 灰分批合格率、稳定率、精煤水分、离心脱水机产品水分、过滤机产品水分(%)——说明精煤质量情况；

④全员效率、生产工效率[(t原料煤)/工]——说明劳动生产率高低；

⑤成本[元/(t精煤)]、加工费[元/(t精煤)]、利润(万元)——说明经济效果；

⑥设备完好率 (%)、机电事故影响生产时间 (次/h)——说明设备状况；

⑦消耗：清水耗[t/(t原煤)]、电耗[度/(t原料煤)]、药耗[kg/(t入浮干煤泥)]、介耗[kg/(t重介原煤)]——说明辅助材料消耗情况；

⑧煤泥（包括尾煤）出厂量 (t)、煤泥（包括尾煤）出厂率 (%) ——反

映在厂内用机械回收煤泥的不完善程度；

⑨损失（%）——反映煤的流失情况。

（2）选煤产品平衡表。

选煤产品平衡表按规定格式及内容填写。

（3）月综合试验用煤样。

月综合试验用煤样是从日常生产检查煤样的班累积样中缩取并累积起来的，通过筛分试验和浮沉试验，对入选原料煤和选煤产品的质量进行分析。

（4）本月全厂出勤人员统计表。

本月全厂出勤人员统计表要分车间统计，计算劳动效率。

（5）选煤停工时间统计表。

选煤停工时间统计表应按造成停工原因进行分类统计，找出停工的主要原因，提出解决措施。

（6）选煤成本表。

（7）本月生产情况分析及建议。

根据以上各方面的月综合资料，做出本月生产情况分析及建议。

月综合报告中入选原料煤和产品试验分析资料，代表了选煤厂各作业产物混合物的分析结果，依靠这些统计资料能够帮助人们发现日常生产中存在的问题和改进生产的方向，但具体工艺上的改进还需要进行一些设备、作业和生产系统的检查和试验工作。

三、不定期检查项目

过滤机、压滤机、离心脱水机的产物和滤液、离心液，煤泥筛入料、筛上物、筛下物，煤泥沉淀池的入料和溢流都应按需要测定固体含量或水分，并做小筛分试验。

四、商品煤数量和质量检查

商品煤在装车的同时要进行数量、质量检查和采样。商品煤数量检查的结果作为商品煤量的计算基础，商品煤质量检查的结果作为供需双方结算煤价的依据。

五、选煤厂的日报表、月报表

1. 日报表

日报表中应列出当日和累计的入厂原料煤、入洗原料煤、选煤产品的数量、产率、灰分、水分、发热量、洗水固体含量,入洗原料煤密度组成。对冶炼精煤还要列出当日和累计的计划产量、产率、灰分、水分、发热量、硫分。

2. 月报表

按国家煤炭管理部门颁发的统计报表填写。其中选煤产品质量应填销售产品的灰分、水分、发热量和硫分,矸石应填生产灰分。

【技能任务】

任务 6.1　煤炭筛分试验

一、术语和定义

(1) 大筛分——对粒度大于 0.5 mm 的煤炭进行的筛分试验。
(2) 小筛分——对粒度小于 0.5 mm 的煤炭进行的筛分试验。

二、煤样采取

1. 采样条件

必须在煤层正常生产作业条件下采取能代表该煤层在本采样周期内的毛煤质量的煤样。

(1) 初采后 3 个月以后才能采样。
(2) 在无地质构造等条件下采样。
(3) 在采取生产煤样的同时,必须按国标规定采取煤层煤样。

2. 采样地点及要求

(1) 应在回采工作面输送机煤流中截取全断面的煤为一个子样。
(2) 煤样应以一个生产的循环班为单位,所采子样个数按产量比例分配到各生产班。
(3) 同一矿井的煤层地质、结构、储存条件和采煤方法基本相同时,选择一个工作面采取。
(4) 不得在火车、储煤场、煤仓或煤车中采样。
(5) 采样前应仔细清除上班遗留的浮煤、矸石和杂物。

3. 采样质量

(1) 子样数目不得少于 30 个,子样质量不小于 90 kg。

(2) 总样质量：设计用煤样 10 t；生产用煤样 5 t；原料及产品煤样根据粒度上限确定：粒度上限为 300 mm 时≥6 t；粒度上限为 100 mm 时≥2 t；粒度上限为 50 mm 时≥1 t。

4. 煤样的运输和存放

用输送带和矿车运输时都必须单独运输，运输存放时应避免破碎、污染、日晒、雨淋和损失，放置时间不得超过 3 天。

三、筛分

1. 筛分设备

(1) 25 mm、50 mm、90 mm、100 mm 圆孔筛，筛板厚 1~3 mm。

(2) 13 mm、9 mm、6 mm、3 mm、1 mm、0.5 mm 金属丝网、方孔筛。

(3) 小筛分选用的试验筛应符合 GB/T 6003.1—1997 和 GB/T 6005—1997 的规定，筛孔孔径分别为 0.500 mm、0.250 mm、0.125 mm、0.075 mm、0.045 mm。如果不能满足要求，可增加 0.355 mm、0.180 mm 和 0.090 mm。

2. 称量设备

最大称量为 500 kg、100 kg、20 kg、10 kg 和 5 kg 的台秤或案秤各一台。每次过秤的物料质量不得小于台秤或案秤最大称量的 1/5。

3. 筛分操作（大筛分）

(1) +50 mm 筛上物质量不得超过筛分前试样的 5%，其他各粒级煤的质量均不超过筛分试样总质量的 30%，否则应适当增加粒级。

(2) 筛分操作一般从最大筛孔向最小筛孔进行。如煤样中最大粒度含量不多，可先用 13 mm 或 25 mm 筛孔的筛子截筛，然后对其筛上物和筛下物，分别从大的筛孔向小的筛孔逐级进行筛分，各粒级产物应分别称量。

(3) 筛分操作时，往复摇动筛子，速度均匀合适，移动距离为 300 mm 左右，直到筛净为止，每次筛分新加入的煤量应保证筛分操作完毕时，试样覆盖筛面的面积不大于 75%，且筛上煤粒能与筛面接触。

(4) +13 mm 各粒级（国标规定 +50 mm）应首选煤、矸石、夹矸和硫铁矿 4 种产物，并测定其产率和灰分、水分、硫分等。

(5) 13-0 mm 煤样缩分到质量不小于 100 kg，其中 3-0 mm 缩分到不小于 20 kg。

四、煤样采取和制备

(1) 根据 GB/T 476—2008 的规定，制备各粒级试验用煤样其质量应符合表 6-2 的规定。

(2) 各粒级配制试验总样的子样和备用样的质量也应符合表 6-2 的规定。
(3) 根据 MT/T 109—1996 的规定制备试验煤样。
(4) 根据 GB/T 4757—2001 的规定配制试验煤样。

表 6-2　煤样采取量与最大粒度间的关系

最大粒度/mm	最小质量/kg
>100	150
100	100
50	30
25	15
13	7.5
6	4
3	2
0.5	1

(5) 采取小筛分试验煤样（-0.5mm）不小于 2 kg。

五、分析化验项目

筛分总样及粒级产物的化验项目如表 6-3 所示。

表 6-3　筛分总样及粒级产物的化验项目

煤样		化验项目
总样	原煤	灰分（A_d）、水分（M_{ad}）、挥发分（V_{daf}）、全硫（$S_{t,ad}$）、发热量（$Q_{gr,ad}$）
	浮煤	水分（M_{ad}）、灰分（A_d）、挥发分（V_{daf}）、全硫（$S_{t,ad}$）、胶质层（x, y）、黏结指数（$G_{R.I}$）
筛分各粒级产物		水分（M_{ad}）、灰分（A_d）、发热量（$Q_{gr,ad}$）

六、结果整理

为保证筛分试验的准确性，试验结果应满足下列要求：
(1) 筛分前煤样总质量 - 筛分后各粒级产物质量之和 ≤ 筛分前煤样总质量 × 1%。
(2) 用筛分配制总样灰分与各粒级产物灰分的加权平均值验证：

①煤样灰分<20%时（相对差）：

$$\frac{|\overline{A}_d - A_d|}{A_d} \times 100\% \leq 10\% \quad (6-1)$$

②煤样灰分≥20%时（绝对差）：

$$|\overline{A}_d - A_d| \leq 2\% \quad (6-2)$$

（3）以筛分后各粒级产物质量之和作为100%，分别计算各粒级产物产率。

（4）各粒级产物的产率（%）和灰分（%）精确到0.1%。

（5）把试验结果填到筛分试验报告表中。

（6）为保证小筛分试验的准确性，筛分后各粒级产物质量之和与筛分前煤样质量的相对差值不应超过1%，同时用筛分后各粒级产物灰分加权平均值与筛分前煤样灰分的差值验证，否则该次试验无效。

①煤样灰分小于10%时，绝对差值不应超过0.5%，即

$$|\overline{A}_d - A_d| \leq 0.5\% \quad (6-3)$$

②煤样灰分小于10%~30%时，绝对差值不应超过1%，即

$$|\overline{A}_d - A_d| \leq 1\% \quad (6-4)$$

③煤样灰分大于30%时，绝对差值不应超过1.5%，即

$$|\overline{A}_d - A_d| \leq 1.5\% \quad (6-5)$$

式中：A_d——筛分前煤样灰分，%；

$\overline{A}_d$——筛分后各粒级产物的加权平均灰分，%。

④以筛分后各粒级产物质量之和作为100%，分别计算各粒级产物产率（%）。

⑤各粒级产物的产率（%）和灰分（%）精确到0.1%。

⑥把试验结果填到筛分试验报告表中。

任务 6.2　煤炭浮沉试验

一、术语和定义

（1）大浮沉——对粒度大于0.5 mm的煤炭进行的浮沉试验。

（2）小浮沉——对粒度小于0.5 mm的煤炭进行的浮沉试验。

二、试验煤样

1. 总则

（1）煤样制备应符合 GB 474 的规定。

(2) 浮沉试验煤样的质量根据不同的试验项目确定。

2. 大浮沉

(1) 大浮沉试验时各粒级煤样所取的最小质量统计见表6-4。

表6-4 大浮沉试验时各粒级煤样所取的最小质量统计

粒级上限/mm	最小质量/kg
+100	200
100	100
50	30
25	15
13	7.5
6	4
3	2
1	1

(2) 选煤厂产品。

①精煤、中煤和矸石因密度组成分布不均（集中于某些密度级），为保证试验结果的正确和各密度级有足够的分析试样，所需煤样质量应适当增加，增加量一般要大于表6-4给定量的50%。

②物料流出后，应尽可能快地采样、试验。

③选煤厂检查试验。

进行选煤厂技术检查时，有些试验项目（如快速浮沉）的煤样质量可低于表6-4的规定。

3. 小浮沉

(1) 煤样应是空气干燥状态，质量不小于200 g。

(2) 称量煤样4份，每份20 g（标准至0.01 g）。

三、配制重液（大浮沉）

一般用氯化锌为浮沉介质，密度范围通常包括：1.3 g/cm³、1.4 g/cm³、1.5 g/cm³、1.6 g/cm³、1.7 g/cm³、1.8 g/cm³、1.9 g/cm³和2.0 g/cm³。

四、试验步骤（大浮沉）

(1) 将配制好的重液装入重液桶中，并按密度大小顺序排好，每个桶中重液面不低于 350 mm，最低一个密度的重液应另备一桶，作为每次试验的缓冲液使用。

（2）试验顺序一般是从低密度逐级向高密度进行，如果煤样中含易泥化的矸石或高密度物含量多时，可先在最高的密度液浮沉，捞出的浮物仍按由低到高密度顺序进行浮沉。

（3）当试样中含有大量中间密度的物料时，可先将煤样放入中间密度的介质中大致均匀分开，再按上述顺序进行试验。

（4）试验之前，先将煤样称量，放入网底桶内，每次放入的煤样厚度一般不超过 100 mm。用水洗净附着在煤块上的煤泥，滤去洗水再进行试验。收集同一粒级冲洗的煤泥水，用澄清法或过滤法回收煤泥，然后干燥称量，此煤泥通常称为浮沉煤泥。

（5）进行试验时，先将盛有煤样的网底桶在最低一个密度的缓冲液浸润一下（同理，如先浮沉高密度物，也应在最低一个密度的缓冲液内浸润一下），然后提起斜放在桶边上，滤尽重液，再放入浮沉用的最低密度的重液桶内，用木棒轻搅动或将网底桶缓缓地上下移动，使其静止分层。分层时间不短于下列规定：

①粒度 >25 mm 时，分层时间为 1~2 min；
②最小粒度为 3 mm 时，分层时间为 2~3 min；
③最小粒度为 0.5~1 mm 时，分层时间为 3~5 min。

（6）小心地用捞勺按一定方向捞取浮物，捞取深度不得超过 100 mm，捞取时应注意勿使沉物搅起混入浮煤中。待大部分浮物捞出后，再用木棒搅动沉物，然后仍用上述方法捞取浮物，反复操作直到捞尽为止。

（7）把装有沉物的网底桶慢慢提起，斜放在桶边上，滤尽重液，再把它放入下一个密度的重液桶中。用同样的方法逐次按密度顺序进行，直到该粒度级煤样全部做完为止，最后将沉物倒入盘中，在试验中应注意回收氯化锌溶液。

（8）在整个试验过程中应随时调整重液的密度，保证密度值的准确。

（9）各密度级产物应分别滤去重液，用水冲净产物上残存的氯化锌（最好用热水冲洗），然后在低于 50 ℃ 的温度下进行干燥，达到空气干燥状态再称量。

五、分析化验和结果整理

1. 大浮沉

（1）各密度级产物和煤泥应分别缩制成分析煤样，测定其灰分（A_d）和水分（M_{ad}），根据要求，确定是否测定硫分或增减其他分析化验项目。

（2）各密度级产物的产率和灰分用百分数表示，取到小数点后两位。

（3）当一个或两个相邻密度级产率很小时，可将数据合并处理。

（4）为保证试验的准确性，试验结果要满足试验前空气干燥状态的煤样质量与试验后各密度级产物的空气干燥状态质量之和的差值,不应超过试验前煤样质量的1%,并用试验前煤样灰分与试验后各密度级产物灰分的加权平均值的差值进行验证,否则应重新进行试验。

①煤样中最大粒度大于或等于25 mm时:

煤样灰分小于20%时,相对差值不应超过10%,即

$$\frac{|\overline{A}_d - A_d|}{A_d} \times 100\% \leqslant 10\% \quad (6-6)$$

煤样灰分大于或等于20%时,绝对差值不应超过2%,即

$$|\overline{A}_d - A_d| \leqslant 2\% \quad (6-7)$$

②煤样中最大粒度小于25 mm时:

煤样灰分小于15%时,相对差值不应超过10%,即

$$\frac{|\overline{A}_d - A_d|}{A_d} \times 100\% \leqslant 10\% \quad (6-8)$$

煤样灰分大于或等于15%时,绝对差值不应超过1.5%,即

$$|\overline{A}_d - A_d| \leqslant 1.5\% \quad (6-9)$$

式中 A_d——试验前煤样的灰分,%;

$\overline{A}_d$——试验后各密度级产物的加权平均灰分,%。

(5)将各粒级浮沉试验结果填入浮沉试验报告表中。根据要求将各粒级浮沉资料汇总出每个粒级的浮沉试验综合表并绘出可选性曲线。

2. 小浮沉

(1)将试验结果填入原始记录表,计算并填写煤粉浮沉试验结果,必要时绘制可选性曲线。

(2)计算各密度级产物的产率和灰分,最终结果取小数点后两位。

为了保证试验的准确性,试验结果要满足试验前空气干燥状态的煤样质量与试验后各密度级产物的空气干燥状态质量之和的差值,不应超过试验前煤样质量的2%,并用试验前煤样灰分与试验后各密度级产物灰分的加权平均值的差值进行验证,否则应重新进行试验。

①煤样灰分小于20%时,相对差值不应超过10%,即

$$\frac{|\overline{A}_d - A_d|}{A_d} \times 100\% \leqslant 10\% \quad (6-10)$$

②煤样灰分为20%~30%时,绝对差值不应超过2%,即

$$|\overline{A}_d - A_d| \leqslant 2\% \quad (6-11)$$

③煤样灰分大于30%时,绝对差值不应超过3%,即

$$|\overline{A}_d - A_d| \leqslant 3\% \quad (6-12)$$

式中 A_d——试验前煤样的灰分,%;

$\overline{A}_d$——试验后各密度级产物的加权平均灰分,%。

任务6.3 煤灰分产率的测定（缓慢灰化法）

一、试验目的

学习和掌握煤灰分产率的测定方法和原理，了解煤灰分与煤中矿物质的关系。

二、试验原理

称取一定量的一般分析试验煤样，放入马弗炉中，以一定的速度加热到 $(815\pm10)℃$，灰化并灼烧到质量恒定，以残留物的质量占煤样质量的质量分数作为煤样的灰分。

三、试验设备

（1）马弗炉：炉膛具有足够的恒温区，能保持温度为 $(815\pm10)℃$。炉后壁的上部带有直径为 $(25\sim30)$ mm 的烟囱，下部离炉膛底 $(20\sim30)$ mm 处有一个插热电偶的小孔，炉门上有一个直径为 20 mm 的通气孔。

马弗炉的恒温区应在关闭炉门下测定，并至少每年测定一次。高温计（包括毫伏计和热电偶）至少每年校准一次。

（2）灰皿：瓷质，长方形，底长为 45 mm，底宽为 22 mm，高为 14 mm。

（3）干燥器：内装干燥剂。

（4）分析天平：感量为 0.1 mg。

（5）耐热瓷板或石棉板。

四、测定步骤

（1）在已灼烧至质量恒定的灰皿内称取粒度小于 0.2 mm 的一般分析试验煤样$(1\pm0.1\ g)$（准至 0.000 2 g），轻摇灰皿使煤样摊平，然后移入温度为 100℃ 的箱形电炉的恒温区。

（2）炉门留出约 15 mm 的缝隙，在不低于 30 min 内使炉温升至 500 ℃，并在此温度下保持 30 min，继续升温到 $(815\pm10)℃$，并在此温度下保持 1 h。

（3）取出灰皿放在石棉板上，在空气中冷却 5 min 后移入干燥器冷却到室温后称量。

（4）每次进行 20 min 的检查性灼烧，直至质量变化小于 0.001 0 g 为止，以最后一次质量作为计算的依据。灰分小于 15.00% 时不进行检测性灼烧。

五、试验记录和结果计算

1. 试验记录表

试验记录表见表 6-5。

表 6-5　试验记录表

煤样名称			
重复测定		第一次	第二次
灰皿编号			
灰皿质量/g			
煤样+灰皿质量/g			
煤样质量/g			
灼烧残渣+灰皿质量/g			
残渣质量/g			
检查性灼烧残渣+灰皿质量/%	第一次		
	第二次		
	第三次		
A_d/%			
平均值/%			

测定人：　　　　　　审定人：

2. 结果计算

$$A_d = m_1/m \times 100\% \qquad (6-13)$$

式中　A_d——空气干燥基灰分产率，%；

　　　m——空气干燥煤样质量，g；

　　　m_1——灼烧残渣质量，g；

六、测定精密度

测定精密度见表 6-6。

表 6-6　测定精密度

煤灰分/%	同一化验室重复性限 A_d/%	不同化验室再现性临界差 A_d/%
≤15.00	0.20	0.30
15.00~30.00	0.30	0.50
≥30.00	0.50	0.70

七、注意事项

（1）采用缓慢灰化法时，应适当掌握煤样进炉速度，防止速度过快而使煤样爆燃。灼烧时，打开箱型电炉的通气孔使空气对流，充分燃尽灰样。

（2）对某一地区的煤，经缓慢灰化法反复核对符合误差要求时方可采用快速灰化法。

任务 6.4　煤灰分产率的测定（快速灰化法）

本部分包括两种快速灰化法：方法 A 和方法 B。

一、试验目的

学习和掌握煤灰分产率的测定方法和原理，了解煤灰分与煤中矿物质的关系。

二、方法 A

1. 试验原理

将装有煤样的灰皿放在预先加热至（815±10）℃的快速灰分测定仪的传送带上，煤样自动送入仪器内完全灰化，然后送出，以残留物的质量占煤样质量的质量分数作为煤样的灰分。

2. 试验设备

（1）快速灰分测定仪。

（2）其他同任务 6.3 的试验设备。

3. 试验步骤

（1）将快速灰分测定仪预先加热至（815±10）℃。

（2）开动传送带并将其传送速度调节到 17 mm/min 左右或其他合适的速度。

注：对于新的快速灰分测定仪，需要对不同煤种与缓慢灰化法进行对比试验，根据对比试验结果及煤的灰化情况，调节传送带的传送速度。

（3）在预先灼烧至质量恒定的灰皿中，称取粒度小于 0.2 mm 的一般分析试验煤样（0.5±0.01）g 称准至 0.000 2 g，均匀地摊平在灰皿中，使其每平方厘米的质量不超过 0.08 g。

（4）将盛有煤样的灰皿放在快速灰分测定仪的传送带上，灰皿即自动送入炉中。

（5）当灰皿从炉内送出时，将其取下，放在耐热瓷板或石棉板上，在空气中冷却 5 min 左右，移入干燥箱中冷却至室温（约 20 min）后称量。

三、方法 B

1. 试验原理

将装有煤样的灰皿由炉外逐渐送入预先加热至（815±10）℃的马弗炉中灰化并灼烧至质量恒定。以残留物的质量占煤样质量的质量分数作为煤样的灰分。

2. 试验设备

同任务 6.3 的试验设备。

四、测定步骤

（1）在预先灼烧至质量恒定的灰皿中，称取粒度小于 0.2 mm 的一般分析试验煤样（1±0.1）g，称准至 0.000 2 g，均匀地摊平在灰皿中，使其每平方厘米的质量不超过 0.15 g。将盛有煤样的灰皿预先分排放在耐热瓷板或石棉板上。

（2）将马弗炉加热到 850 ℃，打开炉门，将放有灰皿的耐热瓷板和石棉板缓慢地推入马弗炉中，先使第一排灰皿中的煤样灰化。待 5~10 min 后煤样不再冒烟时，以每分钟不大于 2 cm 的速度把其余各排灰皿顺序推入炉内炽热部分（若煤样着火发生爆燃，试样应作废）。

（3）关上炉门并使炉门留有 15 mm 左右的缝隙，在（815±10）℃温度下灼烧 40 min。

（4）从炉中取出灰皿，放在空气中冷却 5 min 左右，移入干燥器中冷却至室温（约 20 min）后，称量。

（5）进行检查性灼烧，温度为（815±10）℃，每次灼烧 20 min，直到连续两次灼烧后的质量变化不超过 0.001 0 g 为止，以最后一次灼烧后的质量为计算依据。如遇检查性灼烧时结果不稳定，应改用缓慢灰化法重新测定。灰分小于 15.00% 时，不必进行检查性灼烧。

五、试验记录和结果计算

试验记录和结果计算同任务 6.3。

六、测定精密度

测定精密度同任务 6.3。

七、注意事项

注意事项同任务 6.3。

任务 6.5　技术检查工（浮沉工）

一、操作规程

（1）应熟知《选煤厂安全规程》和《岗位责任制》。

（2）工作前要将工作服、鞋、帽穿戴整齐，戴好防护眼镜、口罩和手套，扎紧袖口，系好防护围裙。

（3）在配制、搬运和调整重液时要沉着小心，不使重液溢洒飞溅。

（4）浮沉试验室必须安装换气装置，且保持室内空气新鲜，室内地面必须随时清扫擦拭。

（5）各种工具应按"定置管理"规定摆放在规定位置，浮沉桶和漏桶网应无破损，台秤的零位应平衡，各密度的重液应符合规定要求，环境卫生应符合要求。

（6）将快浮煤样放到浮沉桶内，先在水中洗去煤泥，滤去水后，在略低于规定密度的重液中浸润一下。提起桶稍滤去重液后放入正式低密度级的重液中，边抖动边下放，抖动时用力要适宜，使煤粒松散分层，待重液稳定后用捞勺沿同一方向捞出浮物，将其放入漏桶中漏去重液。捞取时的深度以距离液面100 mm为限，不得过深，把上浮物基本捞完后再次捞取上浮物，直至上浮物彻底捞完为止。提起浮沉桶在重液桶边缘上将浮沉桶翻动几次，让重液流尽，然后放入高密度重液中重复上述操作，捞出高密度级浮物，在浮沉桶内留下沉物。

（7）使盛有各级产物的漏桶及浮沉桶漏尽重液，分别在回收重液水中洗去重液，漏去洗水，倒入称盘中称出重量（称取读数 5 g）。

（8）结果计算。

设低密度级上浮物质量为 A，中间密度级浮物质量为 B，下沉物质量为 C。

上浮物质量(%) = $A \times 100\% / (A + B + C)$；

中间物质量(%) = $B \times 100\% / (A + B + C)$；

下沉物质量(%) = $C \times 100\% / (A + B + C)$。

各级产物的质量（%）约至小数点后一位。

(9) 煤炭浮沉试验执行 GB 478—1987《煤炭浮沉试验方法》。

(10) 煤泥（粉）浮沉试验（小浮沉试验）执行 MT 57—1981《煤泥（粉）浮沉试验方法》。

(11) 填好记录交接班。

二、岗位作业标准

浮沉药剂有毒性，搞好防护是前提；
各桶密度勤校准，保证精度很重要；
试验能否做准确，掌握标准是关键；
数据记录要规范，认真负责很必要。

三、手指口述工作法

1. 试验前

(1) 防护用品穿戴应齐全（眼镜、围裙、手套）。

(2) 在试验过程中，要防止氯化锌溶液溅到皮肤上。如有氯化锌溶液溅到皮肤上，要立即用清水冲洗干净。

(3) 取样时，上下楼梯时防滑倒。

(4) 取样时当心运转设备伤人。

(5) 氯化锌溶液密度应符合要求。

2. 试验中

(1) 先在缓冲液中浸润，然后把浮沉桶提起滤去重液。

(2) 放入 1.5 g/mL 重液中，稳定后沿同一方向捞取。

(3) 捞取深度为 100 mm，不得过深和搅动沉物。

(4) 捞取干净。

(5) 漏液应全部回到重液桶中。

(6) 放入 2.0 g/mL 重液中重复低密度重液中的操作。

(7) 3 个浮沉物料应冲洗干净。

(8) 回流水应全部进入闭路循环。

3. 试验后

（1）脱水后，称重计算百分比。

（2）填好记录表，报告调度室，跳汰、重介司机。

（3）工具摆放整齐。

（4）保持卫生干净。

4. 注意事项

各环节如有异常应及时处理。若处理不了，应及时报告相关部门或领导解决，确认无误后方可进行下一环节。

四、煤质采制化的注意事项

1. 采样

（1）在厂房内采样时，必须遵守下列规定：

①在流速较高的水流或煤流中人工采取煤样时，所用工具和样品的总质量不得超过 10 kg。采样前，操作人员应观察周围情况，并采取必要的安全措施。采样时，操作人员应站稳，并紧握工具。

②采样机灵活可靠，操作人员站在采样机活动半径以外。

③操作人员上下台阶搬运煤样时，每人每次搬运的质量不许超过 25 kg。

④在偏僻、困难或危险的采样点（如沉淀塔等）采样时，操作人员不得单独作业。

（2）在货车上采样时，必须遵守下列规定：

①货车未停稳时，不得上车采样。

②操作人员 2 人，1 人采样，1 人监护。采样时，操作人员站在车内煤堆上，不得在车帮上行走或跳车。采完样后，确认车下无人时，操作人员方可丢下采样工具下车。操作人员不得随身带煤样和采样工具下车。

③操作人员从一货车向另一货车传递煤样及工具时，每次质量不得超过 20 kg。

④操作人员核对车号，在货车停稳并确认相邻股道无机车运行时才能进行。

（3）在井下采样时，必须遵守下列规定：

①遵守井下工作的有关安全规程。

②建立下井考勤制度，若发现换班后 2 h 有人尚未上井，应及时报告有关领导和矿调度室，查明原因。

③采样时，注意工作地点的安全情况，严格执行敲帮问顶制度，认真检查采样地点的顶板、煤壁、支架等情况。在急倾斜煤层中采样时，严密注意底板情况，确认安全后方可开始工作。遇到打棚栏和无风的巷道或爆破时，不准进行采样工作。

④在采掘工作面采样时，禁止操作人员单独作业。采取生产检查煤样时，注意车辆的来往，防止车辆伤人。采取煤层煤样时，如果必须拆棚栏，则在采样后立即将棚栏插严背实，防止劈帮冒顶。

⑤在大巷中采样时，采样工具不得与架线接触。在大巷中缩制煤样时，应与车道保持一定距离。

⑥在运输大巷中使用车辆运送煤样时，须在取得井运区调度员允许后方可运送。推车时，严密注意后方情况，接近道岔、巷道及风口时，应向前方发出警号。发现后方有机动车辆时，应及时与其联系并发出警号。同一方向推车时，两车距离不小于 15 m，禁止放飞车。

2. 制样

制样必须遵守下列规定：

（1）破碎煤样前，清拣煤样中的铁块、木屑等杂物。

（2）破碎煤样时，若发现杂物进入破碎机，应立即停机检查清理，并设专人监视电器开关。若发现煤样下料不好，应使用小木棒垂直捅煤样，严禁用手和铁棒捅煤样。

（3）破碎机工作时，不得触摸传动装置及破碎部件。

（4）使用多钵干式粉碎机时，应盖好防护罩，禁止开罩运行。

3. 浮沉和筛分试验

（1）浮沉试验必须遵守下列规定：

①配制氯化锌密度液和进行浮沉试验时，操作人员穿戴好防护用品，使用橡胶手套、围裙和防护眼镜。氯化锌溶液接触皮肤后，操作人员应立即用水冲洗干净；若发现情况严重，应立即进行治疗。

②熬制回收氯化锌溶液时，应采用强行抽风，使蒸发的热气尽快排到室外，或直接在室外进行作业。

③使用四氯化碳和其他有机药剂浮沉煤样时，只能在通风良好的地方或通风柜中进行；使用完毕后，应立即放入密闭的容器内，并存入毒品专柜。

④氯化锌和其他有机药剂应设专人负责保管。

⑤干燥煤样时，应严密注意烘干房内的温度，严防自燃。

（2）筛分试验使用的移动式设备必须平稳放置。使用移动式设备时，筛板必须压紧，更换筛板时必须停机。

4. 化验

化验应当遵守下列规定：

（1）支领、配制剧毒药品应有领导审批手续，并有两人同时在场；领用剧毒药品后，设有专人负责；使用完后，剩余部分应立即交回。

（2）蒸馏易燃物品（如乙醚、汽油、苯、二甲苯等）时，应根据其燃点大小在沙浴或水浴上进行。禁止在电炉上直接加热蒸馏。

（3）蒸发易燃物和进行产生有毒气体的试验时，工作场地不得有明火。

（4）试验过程中，操作人员应严密掌握试验过程的变化情况，操作人员不得随意离开岗位。

（5）混合或稀释硫酸时，应将硫酸注入水中，并缓慢进行，不得将水注入硫酸中。

（6）随时擦净撒落在试验台或地面上的化学药品。发现汞撒在试验台或地面上时，应使用吸管吸起并撒上硫磺粉或其他除汞剂。

附 录

附录一 实习周记、实习月总结、实习报告封面及正文格式示例

选煤厂实习周记

实习日期	月 日 — 月 日	实习单位指导教师	
实习场地		实习岗位	
实习主要内容：			
存在问题及教师解答：			

注：此表由实习学生每周填写 1 次。

选煤厂实习月总结

实习日期	月 日 — 月 日	实习单位指导教师	
实习场地		实习岗位	

实习主要内容的掌握情况，存在的不足及下一步努力方向

注：此表由实习学生每月填写 1 次。

《选煤厂实习报告》封面部分基本格式

选煤厂实习报告

姓　　　名：_____

学　　　号：_____

班　　　级：_____

校内指导教师：_____

专　　　业：_____

系　　　部：_____

《选煤厂实习报告》正文部分基本格式

一、实习时间

二、实习地点

三、实习单位简介

四、实习主要内容

五、实习体会与总结

附录二　实习报告文字打印格式和装订要求

（1）实习报告一律使用 A4 纸打印成文。

（2）字间距设置为"标准"。

（3）段落设置为"单倍行间距"。

（4）字号设置如下：

①标题：宋体二号加粗；

②正文一级标题：宋体四号加粗；

③正文二级标题：宋体小四号加粗；

④其余汉字均为宋体小四号；

⑤正文中所有非汉字均为 Times New Roman 字体。

（5）页边距：上 2.54 cm、下 2.54 cm、左 3.00 cm、右 2.00 cm；页眉：1.50 cm；页脚：1.75 cm；页码置于右下角。

（6）实习报告最后用统一的封面装订成册。

附录三 选煤厂实习成绩评定

乌海职业技术学院矿业工程系选煤技术专业
选煤厂实习成绩考核表

姓名		学号		班级	
实习单位			实习时间		
实习内容					
实习单位鉴定意见					
校内指导教师评定成绩	实习单位鉴定（30%）	实习周记、实习月总结（30%）	实习报告（40%）	总成绩	
	评语				

实习单位鉴定意见栏：

单位盖章
年　月　日

校内指导教师评语：

指导教师签名：
年　月　日

参 考 文 献

[1] 张明旭，徐建平，赵鸣. 煤泥水处理［M］. 徐州：中国矿业大学出版社，2000.
[2] 张恩广. 筛分破碎及脱水设备［M］. 北京：煤炭工业出版社，1991.
[3] 陈建中. 选煤标准使用手册［M］. 北京：中国标准出版社，1999.
[4] 严国彬. 选煤厂机械设备安装使用与检修［M］. 北京：煤炭工业出版社，1993.
[5] 郝凤印. 选煤手册——工艺与设备［M］. 北京：煤炭工业出版社，1993.
[6] 陈贵锋. 选煤［M］. 北京：化学工业出版社，2011.
[7] 李明光. 现代洗选煤工艺新技术标准与机械化操作运行检修管理实务全书［M］. 天津：天津电子出版社，2004.
[8] 周晓四. 重力选矿［M］. 北京：冶金工业出版社，2006.
[9] 李其钒，郭在云. 选煤机械［M］. 北京：煤炭工业出版社，2011.
[10] 周曦. 洗选煤技术使用手册［M］. 北京：民族出版社，2001.